高含硫气田职工培训教材

高含硫化氢天然气采输技术问答

杨作海　孔令启　编著

中国石化出版社

内 容 提 要

　　该书为高含硫气田职工培训教材系列丛书的补充和完善，以一问一答的形式详细地介绍了高含硫化氢天然气开采技术的最新成果和日常采气作业及生产过程中遇到的问题和解决办法。侧重高含硫天然气生产现场技能，内容与国标、行标、企标的要求一致，贴近现场操作规范。可供高含硫气田职工实操培训使用，也可为高含硫气田开发研究、教学、科研提供参考。

图书在版编目(CIP)数据

　　高含硫化氢天然气采输技术问答 / 杨作海，孔令启编著 . —北京：中国石化出版社，2020.8
　　高含硫气田职工培训教材
　　ISBN 978-7-5114-5892-6

　　Ⅰ. ①高… Ⅱ. ①杨… ②孔… Ⅲ. ①采气-职工培训-教材 Ⅳ. ①TE37

　　中国版本图书馆 CIP 数据核字(2020)第 135419 号

中国石化出版社出版发行

地址:北京市东城区安定门外大街 58 号
邮编:100011　电话:(010)57512500
发行部电话:(010)57512575
http://www.sinopec-press.com
E-mail:press@sinopec.com
北京富泰印刷有限责任公司印刷
全国各地新华书店经销

*

787×1092 毫米 16 开本 13.25 印张 291 千字
2020 年 9 月第 1 版　2020 年 9 月第 1 次印刷
定价:88.00 元

PREFACE 前言

普光气田是我国已发现的最大规模海相整装气田,具有储量丰度高、气藏压力高、硫化氢含量高、气藏埋藏深等特点。普光气田的开发建设,国内外没有现成的理论基础、工程技术、配套装备、施工经验等可供借鉴。这就决定了普光气田的安全优质开发面临一系列世界级难题。中原油田普光分公司作为直接管理者和操作者,克服困难、积极进取,消化吸收了国内外的先进技术和科研成果,在普光气田开发建设、生产运营中不断总结,逐步积累了一套较为成熟的高含硫气田开发运营与安全管理的经验。为了固化、传承、推广好做法,夯实安全培训管理基础,填补高含硫气田开发运营和安全管理领域培训教材的空白,根据气田生产开发实际,组织技术人员,以建立中国石化高含硫气田安全培训规范教材为目标,在已有自编教材的基础上,编著、修订了高含硫气田职工培训教材系列丛书,包括《高含硫气田安全工程培训教材》《高含硫气田采气集输培训教材》《高含硫气田净化回收培训教材》《高含硫气田应急救援培训教材》,总编陈惟国,并于2014年由中国石化出版社出版。

《高含硫化氢天然气采输技术问答》为高含硫气田职工培训教材系列丛书的补充,本书侧重高含硫天然气生产现场技能,内容与国标、行标、企标的要求一致,贴近现场操作规范,具有较强的适应性、先进性和规范性,可供高含硫气田职工实操培训使用,也可为高含硫气田开发研究、教学、科研提供参考。本书主编杨作海,副主编孔令启。内容共分5章,涵盖了集气站气井井口操作,采气设备与设施操作,天然气计量操作,腐蚀监测与防护操作以及常见故障与排除等。第1章由王红宾、苗玉强编写,第2章由马洲、陈琳编写,第3章由程虎、孙丰编写,第4章由杨大静、吴建国、王小群编写，第 5 章由赵延平、杨文强、逯地编写。全书由苗玉强、王红宾统稿。

在本教材的编写过程中，各级领导给予了高度重视和大力支持，普光分公司多位管理专家、技术骨干、技能操作能手为教材的编审修订贡献了智慧，付出了辛勤的劳动，编审工作还得到了中原油田培训中心的大力支持，中国石化出版社对教材的编审和出版工作给予了热情帮助，在此一并表示感谢！

我国高含硫气田开发生产尚处于初期阶段，高含硫气田开发生产经验方面还需要不断积累完善，恳请在使用过程中多提宝贵意见，为进一步完善、修订教材提供借鉴。

CONTENTS 目录

— 1 —

— 23 —

— 25 —

第1章 集气站气井井口

第1节 气井井口装置

1.1.1 气井井口装置的组成及作用是什么？

答：气井井口装置由套管头、油管头和采气树组成。其主要作用是：悬挂油管；密封油管和套管之间的环形空间；通过油管和套管环形空间进行采气、压井、洗井、酸化、加注防腐剂等作业；控制气井的开关、调节压力、流量。

1.1.2 采气树的组成及作用是什么？

答：油管头以上部分称为采气树，由闸阀、节流阀和小四通组成。其作用是开关气井、调节压力、气量、循环压井、下压力计测量气层压力和井口压力等。

1.1.3 普光气田采气井口工艺流程怎样？

答：普光气田气井采气树一般采用双翼双阀十字井口和整体式，材料级别为 HH 级，内衬 625 镍基合金，在主通径上安装 1 个安全阀，生产翼和油管头一侧翼装仪表法兰，生产翼上安装笼套式节流阀。

1.1.4 采气树的型号及各符号代表的意义是什么？

答：采气树的型号有 KQ-350、KQ-600、KQ-700、KQ-1050 等几种，KQ 表示抗硫化氢，后面的数字表示该采气树的公称压力，单位 kg/cm^2。

1.1.5 操作采气树阀门时要遵循什么原则，为什么？

答：开井时应遵循"先内后外"的原则，即先开生产闸阀，后开节流阀；关井时应遵循"先外后内"的原则，即先关节流阀，后关生产闸阀。目的是防止高速流动的天然气刺坏生产阀门闸板。

1.1.6 开井时为什么要后开一级笼套式节流阀而打开气流所有通道？

答：因一级节流阀是首次节流点，便于开井过程中调节各级压力，使流程、设备缓慢升压。

1.1.7 井口采气树各部件的作用是什么？

答：总闸门：安装在法兰以上，是控制气井的最后一个闸门，它一般处于开启状态，如果要关井，可以关油管阀门，总闸门一般有两个，以保证安全；小四通：通过小四通可以采气、放喷或压井；节流阀：用来调节气井的产量和压力；测压阀门：通过测压阀门进行下压力计测压、取样工作；油管闸门：用来开关气井；套管闸门：一侧装有压力表，可观察套管压力，一侧接多功能管汇，需要时可从套管泄压、压井等。

1.1.8 气井井口关键阀门有几个？管理有何规定？

答：气井起关键控制作用的阀门主要有三个：第一级生产总阀、两个油层套管内侧阀门，为了保证气井安全生产，这三个阀门无论在气井生产或关井时，都应处于全开状态，在第二级生产阀门和两个套管外侧阀门失灵时能够紧急关闭。

1.1.9 下有测试仪器及工具的气井井口操作时应注意什么？

答：不能关闭两级生产总阀和测试阀门，地面安全阀和井下安全阀处于打开状态，地面安全阀要安装防关闭保护帽，关闭井下安全阀控制针阀，防止切断阀门内的钢丝、管件，造成事故。

1.1.10 如何对采气树进行日常维护保养？

答：(1)每天对井口装置至少进行一次验漏，观察井口有无异常情况，如：是否有气体或液体溢出，井口装置是否完好无渗漏等。(2)每周对井控装置闸阀活动一次，对采气树1#总阀和生产翼2个闸阀进行活动时，为了不影响生产，对这三个阀门活动全开全关总圈数的1/3后迅速恢复，其余阀门(包括表套和技套阀门)全开全关一次。(3)每月插拔一次剪切销钉，检查剪切情况，擦拭除锈打黄油。(4)对采气树进行防腐处理，保持清洁无污物、无锈蚀。

1.1.11 采气树维护保养前应做哪些准备？

答：(1)操作时必须穿戴防护器具，且有人监护。
(2)检查确认井口区域内无硫化氢、可燃气体泄漏。
(3)准备注脂所需工具，给空压机接电。
(4)运送注脂所需工具设备及专用脂(TF-41)。
(5)准备好检漏液、硫化氢检测仪。

1.1.12 采气树的维护保养有哪些内容？

答：(1)对采气树手动平板阀进行注脂保养。
(2)对大四通进行放气观察，如发现泄漏，应及时进行注脂保养。

1.1.13 如何检查采气树平板阀注脂嘴？

答：(1)做密封性测试之前先检查注脂嘴是否存在外漏。
(2)逐一打开所操作井采气树所有平板阀注脂嘴保护帽，检查外漏情况，并记录以便及时更换。

1.1.14　怎么对采气树平板阀保养？

答：(1)对气井井下安全阀进行密封性测试，同时对采气树进行注脂保养。

(2)启动小型空压机为气动注脂机提供气源。

(3)用活动扳手卸下平板阀注脂嘴保护帽，将注脂机接头安装在阀门注脂嘴上。

(4)启动注脂机为平板阀注脂，每个阀门注脂量为1kg，注脂结束后用抹布清洁注脂嘴，回装注脂嘴保护帽，依次为采气树所有平板阀进行注脂。每个采气树预计使用TF-41型专用脂一桶。

(5)根据(做密封性测试之前注脂嘴内漏检查)注脂嘴内漏记录情况，将需要更换的注脂嘴进行更换。

(6)如在注脂保养过程中发现采气树平板阀内漏，应及时联系厂家专业技术人员进行更换。

(7)阀门注脂时必须处于全开或全关状态。

1.1.15　如何对采气树大四通进行维护保养？

答：(1)单井采气树注脂结束后，用活动扳手打开大四通观察口保护帽，如发现有气体泄漏，则打开注脂孔保护帽，进行注脂保养，注脂量为0.5kg；如未发现有气体渗漏则回装观察孔保护帽；

(2)如发现有气体从观察孔泄漏，立即打开注脂孔保护帽，启动注脂机对大四通进行注脂保养，依次按照所述步骤对采气树大四通进行保养；

(3)每天注脂结束后对采气树注脂保养现场进行清理，确保现场无油污。

1.1.16　采气树闸阀操作前应检查哪些内容？

答：(1)检查确认井口区域内无硫化氢、可燃气体泄漏；

(2)检查阀门的开关状态；

(3)按照开、关井操作规程，检查站场流程畅通；

(4)检查放空火炬处于投运状态。

1.1.17　采气树闸阀操作步骤是什么？

答：(1)顺时针/逆时针缓慢旋转阀门手轮；

(2)操作过程中注意观察前后压力变化；

(3)当阀门开关到位后，回转1/4圈；

(4)挂阀门开关警示牌。

1.1.18　采气树闸阀操作中应注意些什么？

答：(1)操作时必须穿戴防护器具，且有人监护；

(2)操作闸阀时，用力要稳定、均匀，当开关困难时不能用加力工具进行野蛮操作；

(3) 闸阀不能用于调压、节流，只能全开或全关；

(4) 开关闸阀时，人体不能正对阀杆操作。

1.1.19 套管泄压操作前应检查哪些内容?

答：(1) 检查确认井口区域内无硫化氢、可燃气体泄漏；

(2) 检查确认点火供气流程通畅；

(3) 检查确认泄压流程上所有阀门的开、关状态，压力表针阀开启状态，泄压流程中的其他阀门为关闭状态；

(4) 检查确认放喷池液面应在放喷池高度的 1/3 以下，周围 100m 范围内无易燃物和人、畜。

1.1.20 套管泄压操作的步骤是什么?

答：(1) 将棉纱沾少许柴油，点燃放置在燃烧筒上；

(2) 打开燃料气橇块供泄压管汇的点火流程控制阀门，火焰高度控制在 1~1.5m；

(3) 导通套管泄压流程；

(4) 打开油套(技套或表套)的外侧采气树闸阀；

(5) 缓慢打开套压放空节流阀泄压；

(6) 泄压完毕后，由外到内依次关闭节流阀、采气树阀门，平稳后再打开节流阀对泄压管汇进行泄压、吹扫，并记录油、套压变化情况；

(7) 检测放空口硫化氢浓度，确认硫化氢浓度为 0ppm；

(8) 确认泄压管汇上压力表降为 0MPa 后，关闭管汇所有阀门，关闭燃料气橇块供泄压管汇的点火流程控制阀门，挂好阀门开关牌。

1.1.21 套管泄压操作过程中应注意些什么?

答：(1) 操作时必须穿戴防护器具，且有人监护；

(2) 放喷池的监护人员必须佩戴正压式空气呼吸器、硫化氢检测仪监护；

(3) 闸阀应全开、全关；

(4) 合理控制节流阀开度，确保放空气体完全燃烧；

(5) 确保长明火在放空过程中一直处于燃烧状态；

(6) 操作阀门应当站在侧面；

(7) 记录放压井控记录台账，并向调度室汇报；

(8) 灭火器放置在距燃烧筒 10m 远处，人员撤离至安全距离 50m 外，同时点火人员监护放喷池，无关人员禁止靠近放喷池。

1.1.22 采气树阀门除锈操作步骤是什么?

答：(1) 利用钢丝刷或砂纸除净阀门表面的锈蚀，并用棉纱擦拭干净；

(2) 对阀门已除锈部分涂刷防锈漆；

(3) 待防锈漆干透之后，涂刷黄漆；

(4) 若采气树阀门编号被覆盖，则重新喷涂阀门编号。

1.1.23　采气树阀门除锈操作过程中应注意些什么？

答：(1)操作时必须穿戴防护器具，且有人监护；

(2)除锈位置在2m以上，严格按照高空作业要求进行；

(3)操作前必须检测方井池内硫化氢的浓度，确认无硫化氢气体后方可进行保养操作。

1.1.24　采气树阀门注密封脂的操作步骤是什么？

答：(1)将密封脂加入注脂枪内；

(2)缓慢卸下阀门密封脂加注口压帽；

(3)将注脂枪口对准并连接好阀门密封脂加注口，利用手压泵将密封脂注入阀门内；

(4)待密封脂加注完毕后，装好阀门密封脂加注口压帽，开关阀门一次。

1.1.25　采气树阀门在注密封脂操作中应注意些什么？

答：(1)操作时必须穿戴防护器具，且有人监护；

(2)操作前必须检测方井池内硫化氢浓度，确认无硫化氢气体后方可进行保养操作；

(3)打开密封脂加注口压帽必须侧身进行。

1.1.26　采气树阀门加黄油的操作步骤是什么？

答：(1)将黄油加入黄油加注枪内；

(2)取下阀门丝杆一侧的黄油加注口(黄油嘴)；

(3)将黄油枪口对准黄油加注口，用力将黄油注入阀门丝套内；

(4)当旧黄油从阀门丝套另一侧被置换出时，黄油加注完毕；

(5)安装黄油嘴。

1.1.27　采气树阀门在加黄油操作中应注意些什么？

答：(1)操作时必须穿戴防护器具，且有人监护；

(2)操作前必须检测方井池内硫化氢的浓度，确认无硫化氢气体后方可进行保养操作。

1.1.28　井控装置阀门活动操作前应检查哪些内容？

答：(1)检查确认采气树阀门的开关状态；

(2)检查燃料气橇块供泄压管汇的点火流程是否通畅；

(3)检查确认多功能生产辅助流程上的所有阀门的开、关状态，正常情况下应全为关闭状态；

(4)放喷池液面应在放喷池高度的1/3以下，周围100m范围内无易燃物和人、畜。

1.1.29　井控装置阀门活动操作步骤是什么？

答：(1)用棉纱蘸少许柴油，点燃放置在燃烧筒上，灭火器放置在距燃烧筒10m远处，人员撤离至安全距离50m外，同时点火人员监护放喷池，无关人员禁止靠近放喷池；

（2）打开燃料气橇块供泄压管汇的点火流程控制阀门，火焰高度控制在 1~1.5m；

（3）先活动多功能生产辅助流程阀门，将流程所有闸阀、节流阀全部打开；

（4）活动采气井口装置阀门时，先活动表套阀门，依次活动技套、油套和油压闸阀；

（5）表套、技套、油套活动阀门的原则：先将内侧的两个阀门全部关闭，外侧的两个阀门全开全关一次后，再将内侧阀门打开；

（6）如图 1-1 所示，生产情况下活动生产翼 1 号、9 号、11 号阀门时，按全开全关圈数的 1/3 活动（约 7 圈即可）；非生产翼阀门 8 号、10 号阀门活动时先关闭 8 号阀门，10 号阀门全开全关一次后，再打开 8 号阀门；

（7）7 号阀门（测试阀门）每周一全开全关一次，测试压力表允许带压；

（8）采气井口装置阀门全部活动结束后，连接多功能生产辅助流程吹扫口，对流程吹扫 10min；

（9）拆卸吹扫短接，安装吹扫口盲板并恢复原样；

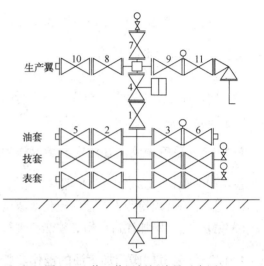

图 1-1　井口装置阀门编号示意图

（10）将多功能生产辅助流程所有闸阀、节流阀关闭，恢复初始状态；

（11）井控装置阀门全部活动完毕后，填写阀门活动记录。

1.1.30　井控装置阀门活动操作中应注意些什么？

答：（1）操作时必须穿戴防护器具，且有人监护；

（2）放喷池的监护人员必须佩戴空呼监护；

（3）主放喷流程中各闸阀应完全打开，不得有半开半关阀；

（4）合理控制节流阀开度，确保放空气体完全燃烧；

（5）确保长明火在放空过程中一直处于燃烧状态；

（6）操作阀门应当站在侧面。

第 2 节　地面控制系统

1.2.1　什么是地面控制系统？

答：地面控制系统又称井口控制柜或井口控制盘，它是与远程控制系统相关联实现对井下安全阀和地面安全阀远程和就地控制，如图 1-2 所示。

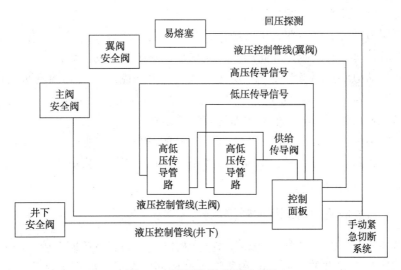

图 1-2 地面控制系统示意图

1.2.2 地面安全控制系统(ESD)主要组成部分有哪些?

答：地面安全控制系统(ESD)是在生产系统出现异常(如火灾、憋压、爆管等)情况时，切断井口气源，确保站场和人员安全的系统。该系统主要由主要包括功能泵、高低压先导阀、油箱、调压阀、储能器、易熔塞、压力表、电磁阀、压力传感器、温度传感器，还包括井下安全阀控制管线从井口通道针阀处到控制柜的连接管线及压力表。

1.2.3 液控液型井口控制柜工作原理是什么?

答：通过两台电动液压泵(或手动增压泵)将常压的液压油增压至地面安全阀或井下安全阀开启所需要的压力储存在蓄能器，低压泵输出压力为 5000psi，高压泵的输出压力为 8500psi。低压泵的液体其中一支经减压阀减压后作为控制压力(100psi)，控制压力有三种通路：操作压力、高低压限位阀先导压力、易熔塞先导压力。这三种压力均作为控制压力控制液控三通阀，控制高压的液压油与油箱间的通路，控制地面安全阀(或井下安全阀)是否关闭。在高压的液压油与油箱间有一个和液控三通阀串联的电磁三通阀，控制地面安全阀(或井下安全阀)是否关闭。紧急情况下可通过 ESD-1，ESD-2，ESD-3 命令使电磁阀失电，关断地面安全阀(或井下安全阀)。

1.2.4 井口控制柜主要功能有哪些?

答：(1)现场紧急关断：控制面板上安装有紧急关断阀，当出现特殊情况时，用来进行关断对应的地面安全阀；

(2)远程关断：通过 RTU 与 SCADA 系统相连，当发生 ESD-1、ESD-2、ESD-3 关断时，地面安全阀关闭。当站控室发生"井口关断"或通过人机界面给定模拟信号"井口关断"时，井下安全阀关闭；

(3)火灾关断：火灾关断是通过易熔塞控制回路实现，当井口发生火灾时，井口温度达到易熔塞熔化温度时，易熔塞控制回路实现自动泄压，关断该平台所有地面安全阀及井下安全阀，井下安全阀在地面安全阀延迟约20s后关断；

（4）井口压力异常关断：在人工误操作、管线爆裂、堵塞等情况下，井口节流后的压力高于或低于设定值时，高低压先导阀动作，实现地面安全阀自动关断；

（5）系统自动稳压：环境温度发生变化，系统控制回路压力受到温度影响而发生变化。当压力低于设定值时，液压泵自动补压到设定压力；当压力高于设定值时，溢流阀自动泄压，保证地面安全阀在正常压力范围内保持开启状态；

（6）数据采集及传输：井口控制柜能够通过RTU/PLC采集到每口井的地面安全阀及井下安全阀的开关状态、易熔塞控制压力信号状态、油管压力和油管温度信号、套管压力和套管温度等信号，传送至站控室。

1.2.5 井口控制柜如何进行逻辑控制？

答：采用井下安全阀和地面安全阀两级安全控制。地面安全控制系统（ESD）能够分别实现对同一个平台1~3口井的单井关断和所有气井的同时关断，根据关断逻辑设置关断地面安全阀（SSV）、井下安全阀（SCSSV）。地面安全控制系统（ESD）与数据采集与监视控制系统（SCADA）相连，采气树温度压力、油管头侧温度压力、输送管线压力、地面安全阀SSV的阀位、易熔塞压力等信号远传至站控系统SCS，信号传输采用4~20mA电流信号、0~24V电压信号。ESD根据站控系统SCS指令关断地面安全阀（SSV）、井下安全阀（SCSSV）。控制系统关断后，开启安全阀必须到现场手动复位。

1.2.6 井口控制柜操作前站控室检查内容有哪些？

答：（1）检查确认控制面板"井口SCSSV关断按钮"处于推入状态；

（2）检查确认油压、套压、油温、套温的数据，地面安全阀和井下安全阀开关状态在人机界面上显示与现场情况一致。

1.2.7 气控液型井口控制柜操作前空压机检查内容有哪些？

答：（1）检查确认空压机电路已接通、气动管线接通无渗漏，保护接地外观完好；

（2）检查确认空压机启动按钮处于"AUTO（自动）"位置，输出压力为6~8bar；

（3）当空压机无法进行自动补压时，启动氮气瓶给井口控制柜提供气源。

1.2.8 气控液型井口控制柜控制柜检查内容有哪些？

答：（1）检查确认控制柜220VAC电源接通，气源接通无渗漏，压力值为6~8bar；

（2）检查确认液压油在油位指示器上观察口1/3~2/3处；

（3）检查确认"中压手动泵供液"阀"高压手动泵供液"阀处于关闭（垂直）位置，"高压泵""中压泵"处于开启（水平）位置，"地面液控供液"阀、"井下液控供液"阀处于开启（水平）位置；

（4）检查确认控制柜后面的对应井高低压限位阀的屏蔽球阀处于关闭（垂直）状态。

1.2.9 液控液型井口控制柜检查内容有哪些？

答：（1）检查确认控制柜220VAC电源正常；

（2）检查确认液压油管路连接完好；

（3）检查确认液压油在上观察孔 1/3～2/3 位置处；

（4）检查确认高压泵、中压泵已启动，确认先导压力为 80～120psi。

1.2.10 如何打开井下安全阀？

答：在人机界面上按下"ESD3 复位"后、再按下井口控制柜对应的"RESET"（复位）按钮。在井口控制柜操作面板上拨起井下安全阀开关手柄，并按下锁定销，井下安全阀供液压力逐渐升高直至其打开，此时压力值为 6000～8000psi，此时井下安全阀打开。

1.2.11 如何打开地面安全阀？

答：在站控室操作面板上按下"ESD-1 复位"按钮后（或"ESD-2 复位"按钮，或在人机界面上进行"ESD3 复位"），再按下井口控制柜对应的"RESET"（复位）按钮。拨起井口控制柜地面安全阀手拉阀按钮并按下销钉锁定，地面安全阀供液压力逐渐升高至 3000～5000psi，此时地面安全阀打开。

1.2.12 如何关闭井下安全阀？

答：（1）按下井口控制柜井下安全阀（SCSSV）手拉阀，井下、地面液控回路压力下降为 0MPa，地面安全阀关闭后井下安全阀关闭；

（2）按下井口控制柜 RTU 控制面板上的 SCSSV Shutoff（井下安全阀关断）按钮，地面和井下液控回路压力下降为 0MPa，地面安全阀关闭后井下安全阀关闭；

（3）在站控室操作台上拨出"SCSSV 关断按钮"，地面安全阀关闭后井下安全阀关闭；

（4）ESD-3 界面中可单独触发井下安全阀关断按钮。

1.2.13 如何关闭地面安全阀？

答：（1）自动关闭：站场触发 ESD-1、ESD-2、ESD-3，地面安全阀通过 SCADA 系统远程自动关闭；

（2）就地关闭地面安全阀：按下"地面关断"按钮，地面液控回路压力下降为 0MPa，地面安全阀关闭；

（3）按下 RTU 柜上"SSV Shutoff"（地面关闭）按钮，地面液控回路压力下降为 0MPa，地面安全阀关闭。

1.2.14 如何进行井口控制柜紧急关断操作？

答：井口控制柜上拨出紧急关断所有井红色手柄，紧急关断立即启动，自动关闭该平台所有井的地面安全阀和井下安全阀。

1.2.15 井口关断为什么先关闭地面安全阀后关闭井下安全阀？

答：减少井下安全阀下部与上部管柱内的压力差，保持地面安全阀与井下安全阀之间有较高的压力，利于下次打开井下安全阀的操作。

1.2.16 气控液型井口控制柜操作中应注意些什么?

答: (1)自动或手动无法关闭地面或井下安全阀,紧急情况下可断开该井安全阀液压管线进行紧急关阀;

(2)高低压限位阀为机械关断阀,在井口压力未达到低报警前必须将控制柜后球阀打为"超驰"(竖直)位置。待系统压力稳定且高于低报警时再将其打为"正常"(水平)位置;

(3)投运井下安全阀后,禁止在非紧急状况下触发控制柜及站控室"井口关断"按钮,禁止触发控制柜 RTU "Emergency Shutoff" 按钮,以免使井下安全阀意外关闭。

1.2.17 井口控制柜液压油更换前应检查哪些内容?

答: (1)每半年对液压油油质进行检查;

(2)检查确认液压油已变质;

(3)检查确认地面安全阀液压泵电源开关处于停止(STOP)状态。

1.2.18 井口控制柜液压油更换步骤是什么?

答: (1)按照《关井操作规程》对全站气井关井(或地面安全阀安装防护罩);

(2)关闭井下安全阀大四通旁的液控管线针阀;

(3)将控制柜内部高压储能器和中压储能器回油箱回路的控制球阀打开,使所有液压泄放至0psi;

(4)卸掉井口控制柜油箱底部的泄油塞,将废油全部收入塑料空桶中;

(5)打开井口控制柜油箱顶部加油口防护套,用T15号液压油冲洗油缸,将残留的油品置换出来后,关闭油箱底部泄油球阀;

(6)将T15液压油缓慢抽入油缸,直到油位达到液压油箱的3/4时停止加注;

(7)盖上油箱加油口防护套;

(8)关闭控制柜内部高压储能器和中压储能器回油箱回路的控制球阀;

(9)在液压油更换完毕后及时启用井口控制柜,将井下安全阀液控压力建立至8500psi,地面安全阀安装防护罩的,卸掉地面安全阀防护罩,投运地面安全阀,再打开大四通旁的井下安全阀液控管线上针阀,投运井下安全阀。

1.2.19 井口控制柜液压油更换中应注意些什么?

答: (1)操作时必须穿戴防护器具,且有人监护;

(2)严禁在气井生产过程中进行控制柜液压油更换操作;

(3)卸下的废油要进行回收处理;

(4)油品更换完成后要用棉纱将现场油污擦拭干净。

1.2.20 什么是多功能控制管汇?

答: 多功能控制管汇包括节流管汇、压井管汇、防喷管线、放喷管线等,多功能控制管汇是成功控制井涌、实施气井压井、加注环空保护液等作业的必须设备。其中节流管汇由节流阀、平板阀、汇流管、三通和压力表等部件组成,压井管汇由单流阀、平板阀、三通和压力表等组成。

1.2.21　节流管汇的作用是什么？

答：(1)对油、技、表套流体进行观测、适时放喷点火，对油套环空加注环空保护液、加注氮气、加注柴油等作业；

(2)通过管汇的泄压作用，降低井口套管压力，保护油层套管；

(3)通过循环滑套，可替换井内被污染的井液；

(4)通过节流阀泄压，降低井口压力，实现"软关井"；

(5)起分流放喷作用，将溢流物引出井场以外，确保人员安全。

1.2.22　压井管汇的作用是什么？

答：通过压井管汇往井筒里强行吊灌或顶入重压井液，实施压井作业。

1.2.23　多功能控制管汇日常维护保养有哪些内容？

答：(1)每周活动一次多功能控制管汇闸阀，对采气树1#总阀和生产翼2个闸阀进行活动时，为了不影响生产，对这三个阀门活动全开全关总圈数的1/3后迅速恢复，其余阀门(包括表套和技套阀门)全开全关一次。

(2)对多功能控制管汇进行防腐处理，保持清洁无污物、无锈蚀。

1.2.24　多功能控制管汇停产检修有哪些内容？

答：(1)执行周期巡查保养的全部内容：每年进行一次，除包含常规巡查维护内容外，对所有阀门加注润滑脂进行润滑维护保养，然后保持全开全关一次。

(2)进行多功能控制管汇阀门调试：

① 连续完全开关阀门数次，保证阀门运行正常，确保阀门开关灵活；

② 开关阀门，确认阀门开关能达到规定圈数；

③ 反复活动阀门，确认阀门能够正常开关；

④ 若不正常，使用阀门开关工具对阀门进行开关作业，并用润滑脂润滑轴承、阀体，直至阀门活动正常；

⑤ 对阀门进行试压、验漏。

1.2.25　集气站场有哪些功能？

答：集气站场具有对井口来天然气进行集气、加热、节流、单井计量、放空和智能清管接收与发送等功能，具体如下：

(1)事故状态下的快速关断与放空；

(2)天然气加热与节流；

(3)天然气单井切换计量分离；

(4)天然气总计量外输；

(5)站场自动控制：数据采集、调控、传输；

(6)远端通信站功能；

(7)燃料气调压；

（8）甲醇加注系统；

（9）缓蚀剂加注系统；

（10）单井分离器分酸；

（11）预留硫溶剂加注口、单井生产分离器接入短管。

1.2.26　集气站放空系统作用是什么？

答：站场设置放空系统，在井口、进站管道和输往下一站的出站管道设紧急切断阀，当出现事故时可以自动或手动紧急切断。在紧急切断阀前、后装有控制闸阀及旁通手动放空阀，当出现事故时可手动放空泄压。安全阀或放空管线出口汇入放空总管后，输送到站外放空火炬燃烧。

1.2.27　多井集气站如何计量？

答：多井集气站单井通过计量分离器采用轮换计量方式。单井来气经三级节流后，通过双作用切换阀进行去计量分离器或去外输流程切换，需要计量气井流程切换进入计量汇管，再进入计量分离器，分离成气、液两相，分别计量后汇入外输管线，同其他气井进行总计量后外输。

1.2.28　燃料气系统指的是什么？

答：来自净化厂的 $3.2 \sim 3.5$ MPa 燃料气，输至各集气站经过滤分离后，调压至 $0.6 \sim 0.8$ MPa，分别供给井口加热炉用气、火炬长明灯用气、仪表风用气、吹扫气用气、应急燃气发电机用气等，各用气设备自带小型调压稳压设备，调节燃气压力至所需压力。

1.2.29　药剂加注系统指的是什么？

答：利用甲醇加注橇块从井口、外输管线加注甲醇，防止水合物生成；利用缓蚀剂加注橇块在加热炉进口、外输管线加注缓蚀剂，有效防止站内外管线、设备腐蚀；预留溶硫剂加注口，以备出现硫沉积时，加注溶硫剂。

1.2.30　腐蚀监测系统指的是什么？

答：站场采用腐蚀挂片、电阻探针、线性极化探针方式，线路管道采用电指纹方法，进行腐蚀监测。除腐蚀挂片外，所有在线监测数据通过网络传至站控室和中控室，实时在线监测和分析处理数据，了解腐蚀情况，以便及时调整缓蚀剂加注量、优化配方及批处理频次。

1.2.31　腐蚀挂片指的是什么？

答：加热炉进口及出口、计量分离器气相及液相出口、外输管线安装金属挂片，以金属挂片损耗量除以时间确定使用期内的平均腐蚀速率，判断腐蚀成因和机理，确定腐蚀类型。

1.2.32　电阻探针指的是什么？

答：电阻探针与腐蚀挂片配套使用，与腐蚀挂片安装位置相同，通过测量电阻探头的金属损耗量来测量腐蚀，可连续测量腐蚀速率的变化。

1.2.33 线性极化探针指的是什么？

答：线性极化探针（LPR）主要是采用三电极测量电解质溶液中的极化电阻，将一个小的极化电压加到溶液中的一个电极上，由于微小的电压极化而产生的电流直接与电极表面的腐蚀速率有关，从而得到瞬时腐蚀速率。安装在计量分离器液相管汇上，监测管道含水腐蚀速率。

1.2.34 火气监测系统指的是什么？

答：井口区、装置区、阀组区、火炬区等区域安装可燃气体检测仪，全面监测天然气泄漏。

1.2.35 火焰监测指的是什么？

答：井口区、装置区、阀组区等区域安装火焰报警器，全面监测火灾。

1.2.36 有毒气体监测指的是什么？

答：井口区、装置区、阀组区、火炬区、隧道等区域安装固定式硫化氢检测仪，全面监测硫化氢泄漏。

1.2.37 气象监测系统指的是什么？

答：生产现场配备气象监测系统，监测风向、风速、气压、温度、湿度等，并远传至应急救援中心，为应急救援和及时调整加热炉及管道的工艺运行参数提供参考。

1.2.38 视频监视系统指的是什么？

答：站场四周及站控室安装视频摄像机，视频信号传输到站控室和中控室，实现远程监视集气站场。用于日常站场监视和特殊情况下的重点监视。

1.2.39 火炬放空系统指的是什么？

答：火炬放空系统由火炬头、点火系统、塔架、放空管道组成。具有自动点火和熄火报警功能。正常检修或紧急情况时，对站内设备、管道及集气站上下游管道放空。

1.2.40 广播对讲系统指的是什么？

答：进站及装置区安装站场广播，站控室或中控室与现场人员及时通信，广播信息；巡检人员发现问题可在现场立即汇报站控室或中控室；在发生泄漏、火灾、关断时自动联锁播报语音提示。

1.2.41 声光报警系统指的是什么？

答：井口区、装置区、阀组区、隧道口等区域安装声报警器、状态指示灯，在发生关断、火灾、气体泄漏时，及时传递不同蜂鸣声及状态灯的颜色，进行报警提示。

1.2.42 消防喷淋系统指的是什么？

答：集气站配备移动式干粉灭火器和建有消防喷淋系统。移动式干粉灭火器装置是介于干粉消防车和干粉固定装置之间的一种新型消防装备。消防喷淋系统由清水池、供水泵、消防栓、消防水炮组成。当发生火灾或硫化氢气体泄漏时，在应急救援人员到达之前，站场能够灭火和稀释硫化氢气体，进行初期应急控制。

1.2.43 污水回收系统统指的是什么？

答：应急处置过程中产生的含硫化氢污水，井场区通过方井池排入污水池，工艺装置区通过集水沟汇集进入污水池。甲醇、缓蚀剂设置防泄漏围堰，堰内回收，确保站场无水体污染物外排。

1.2.44 甲醇加注系统指的是什么？

答：甲醇加注系统是为了防止工况发生变化时形成水合物堵塞管道和设备。甲醇罐中的甲醇分别由井口和外输管线甲醇加注泵，输送至井口甲醇加注装置和外输管线甲醇加注装置注入管线防止工况变化时形成水合物。

1.2.45 缓蚀剂加注系统指的是什么？

答：缓蚀剂加注系统主要是为了减缓管道的腐蚀速率。缓蚀剂罐中的缓蚀剂，分别由加热炉缓蚀剂加注泵和外输管线缓蚀剂加注泵，输送至加热炉一级节流后缓蚀剂加注装置和外输管线缓蚀剂加注装置注入管线。

1.2.46 分酸系统指的是什么？

答：防止钻井泥浆液返排对地面集输管线造成腐蚀，在工艺流程中设计了井口临时分酸分离器，分酸分离器设置在一级节流阀后，分离气体携带出的酸液和泥浆。此分离器分出的酸液直接进入酸液缓冲罐，缓冲罐的液体装车拉运，闪蒸出的气体则直接进入放空总管去放空火炬燃烧。

1.2.47 集气站动力供应指的是什么？

答：集气站内橇块用电设备为二级负荷，站内生活设施为三级负荷；站内通信、仪表及自控系统、应急照明为一级负荷。35kV电源为正常电源，高、低压配电室设35kV高压环网柜、干式变压器柜及低压配电柜。变压器容量为35/0.4kV125kVA，计算功率为101kW，一、二级负荷为50kW。同时使用发电机组为备用电源，当主电源发生故障时，双电源自投装置的控制器发出启动发电机的信号，并对发电机组的电压及频率进行检测，待发电机组启动成功后，经延时10s后将负载自动转向发电机组供电回路；当正常电源恢复正常时，经延时再将负载自动转向主电源回路，并发出关闭发电机组的信号，发电机为自动及手动启、停。备用发电机组设过载报警功能，以保证一、二级负荷的正常运行。站内通信、仪表及站控设备等重要负荷采用不间断电源UPS供电，放电时间为30min。

1.2.48 集气站控制系统指的是什么？

答：作为普光气田SCADA系统的控制节点，集气站场和各管线阀室均分别设置两套子系统：过程控制系统（PCS）和安全仪表系统（SIS），作为一个单独的网络节点，挂在相同的光纤通信子网及 5.8G 无线备用网络上，分别对应中控室实时数据服务器和中心安全仪表系统上传或下载数据。PCS 主要负责正常的工艺流程控制和监视，SIS 则负责对超出 PCS 控制范围的工艺控制对象进行相应的联锁保护。

1.2.49　集输系统防泄漏措施主要有哪些？

答：(1)站场以及阀室设置点式红外可燃气体探测器和电化学式有毒气体探测器以便于探测甲烷和硫化氢浓度，由就地安全仪表系统直接触发相应联锁保护逻辑，并将报警送至中心 SIS 进行相应处理；

（2）阀室线路截断阀配套电子防爆管单元，可监测管线的压力变化情况，以推断管线是否存在泄漏，由就地 SIS 送至中心 SIS 用以触发气田级别的相应联锁保护；

（3）隧道中设置开路式、红外吸收补偿式可燃气体探测器和电化学式有毒气体探测器以便于探测甲烷和硫化氢浓度，由就地 SIS 送至中心 SIS 用以触发气田级别的相应联锁保护。

1.2.50　根据故障的性质普光气田设置关断级别有哪些？

答：分为四个级别：一级关断为全气田关断，二级关断为单线关断，三级关断为单站关断，四级关断为单井关断。

1.2.51　一级关断指的是什么？

答：一级关断为全气田关断，当净化厂、输气首站事故、集气总站事故无法接受气源时，输气主干线爆管会造成一级关断，应由中心控制室的专门人员负责，在中控室 ESD 手操台上依次拔出报警确认按钮与关断按钮，或在中控室操作员在电脑上紧急触发全气田关断。

1.2.52　二级关断指的是什么？

答：二级关断为单线关断，当输气支线火灾或爆管泄漏、线路阀室火灾或气体大量泄漏事故时，由中控室人员在中控室 ESD 手操台上依次拔出相应支线报警确认按钮与关断按钮，或在中控室操作员在电脑上紧急触发相应支线关断。

1.2.53　三级关断指的是什么？

答：三级关断为单站关断，当站场发生火灾、气体泄漏且满足关断条件时，在中控室或站控室 ESD 手操台上依次拔出报警确认按钮与 ESD 关断按钮，或在电脑上触发紧急 ESD 关断实现三级关断。

1.2.54　三级关断触发结果是什么？

答：全站关断(气田三级关断)：分保压关断和泄压关断。

发生火灾时，执行泄压关断，泄压关断发生时井口安全阀、出站 ESD 阀、燃料气 ESD 阀关断，加热炉停运，BDV 放空。站场发生大量气体泄漏时，执行保压关断，保压关断发生时井口安全阀、出站 ESD、燃料气 ESD 阀关断，加热炉停运。

1.2.55 四级关断指的是什么？

答：四级关断为单井关断，当井口压力低低报警、高高报警、井口失控、井场气体泄漏且满足关断条件时，由站控室人员在手操台上进行相应工艺单元关断，视具体逻辑启动局部放空。

1.2.56 四级关断触发结果是什么？

答：单井关断(气田四级关断)：在发生井口压力低低或高高报警时，触发单井关断，单井关断会触发地面安全阀关闭，二、三级节流阀关闭，加热炉停运。

1.2.57 集气站场关断指的是哪些关断？

答：集气站场关断指的是 ESD-3 三级关断和 ESD-4 四级关断，ESD-3 三级关断包括 ESD-3 保压关断和 ESD-3 泄压关断。

1.2.58 集气站各级关断之间有什么异同？

答：ESD-3 泄压关断的触发原因主要是火灾，切断全部正常流程，启动放空，延时关断 UPS；ESD-3 保压关断的主要触发原因是硫化氢泄漏，切断全部正常流程，不启动放空；四级关断 ESD-4 主要是单元关断，如单元设备的过程控制或者单井关断。

1.2.59 简述 ESD-3 泄压关断和 ESD-3 保压关断的区别是什么？

答：ESD-3 泄压关断的触发原因主要是火灾，切断全部正常流程，启动放空，延时关断 UPS；ESD-3 保压关断的主要触发原因是硫化氢泄漏，切断全部正常流程，不启动放空。

1.2.60 站场工艺操作区设置状态指示灯有几种状态？分别代表什么意思？

答：站场内围绕工艺操作区设置了状态指示灯，用以向站场工作人员指示当前站场所处的状态。指示灯共有四种状态：蓝色表示 ESD-1 级关断；红色表示火焰报警；黄色表示气体泄漏报警；绿色表示正常。

1.2.61 请举例说明触发站场 ESD-3 级关断的原因有哪些？

答：(1)大门或逃生门紧急关断按钮，直接引发 ESD-1；
(2)手操台 ESD-1 按钮，直接引发 ESD-1；
(3)阀组区两个火焰探测器同时报警，直接引发 ESD-1；
(4)其他各火焰探测器报警，人工触发 ESD-1。

1.2.62 请举例说明触发站场 ESD-3 级关断引发的结果有哪些？

答：(1)停发电机；
(2)停总电源；
(3)延时停 UPS(或应急电源)；
(4)停各井井上安全阀；

（5）停各井加热炉；

（6）启动各井口放空；

（7）停甲醇、缓蚀剂注入；

（8）停火炬分液罐管底泵。

1.2.63　说出下列各符号的含义是什么？

答：FD—火焰探测器；GD—可燃气体探测仪；ESD—紧急关断；BDV—自力液压闸板阀；XV—气动双作用球阀；SSV—井上安全阀；SCSSV—井下安全阀；SD—感烟探测器；AT—硫化氢探测仪；MAC—手动报警按钮；GAL—状态灯；BL—声报警器；PG—压力表；PIT—压力变送器；TG—温度计；TIT—温度变送器；LV—液位调节阀；LIT—液位变送器；ZV—闸阀；QV—球阀；RO—限流孔板；JV—截止阀；HV—止回阀；PSV—安全阀；ESDV—紧急关断阀（或气动单作用球阀）。

1.2.64　ESD-3 关断（放空）恢复检查有哪些内容？

答：（1）检查确认站场外输 ESDV、地面（井下）安全阀、井口 BDV、外输 BDV、燃料气 ESDV、加热炉等状态符合集气站 ESD-3 级（放空）关断状态；

（2）检查确认现场有毒气体探测器和可燃气体探测器无报警，状态指示灯为蓝色，报警喇叭为报警状态。

1.2.65　如何进行 ESD-3 关断（放空）恢复操作？

答：（1）站场人员接到关断复位指令后进行复位操作；

（2）关闭井口 11 号生产闸阀，关闭笼套式节流阀；

（3）先推入手操台放空按钮，再按下放空复位按钮，最后按下手操台 ESD-3 复位按钮进行复位（如果是先进行的 ESD-3 关断再进行的放空关断，则需要先对相应的 ESD-3 关断触发源进行复位）；

（4）如果是手操台触发，则推入手操台 ESD-3 级关断按钮；如果现场 ASB 按钮触发，则到现场进行 ASB 手动复位；上述操作完成后，向区调度室汇报，执行调度指令；

（5）现场将燃料气 ESDV 电磁阀进行复位，将燃料气 ESDV 打开；

（6）关闭井口和外输放空区的 BDV；

（7）在加热炉控制面板上进行复位操作，并重新启动加热炉；

（8）按照井口控制柜操作规程将地面安全阀打开；

（9）按照开井阀门状态确认表进行流程确认；

（10）等待调度指令，准备开井。

1.2.66　进行 ESD-3 关断（放空）恢复操作应注意些什么？

答：（1）操作时必须穿戴防护器具，且有人监护；

（2）在执行关断恢复前，务必将关断原因及自控阀门状态记录清楚；

（3）打开地面安全阀之前，一定要确保井口 11 号闸阀和笼套式节流阀关闭；

（4）如果此次关断导致长明灯熄灭，且无法自动点燃，则需到火炬区对长明灯进行手动点火操作；

（5）当站内酸气管道压力小于外输压力 1MPa 以上时，禁止打开外输 ESDV。

1.2.67 ESD-3 关断（不放空）恢复检查有哪些内容？

答：（1）在站控人机界面 ESD-3 级关断界面中查找关断触发源；

（2）检查确认现场外输 ESDV、地面（井下）安全阀、井口 BDV、外输 BDV、燃料气 ESDV、加热炉等状态符合集气站 ESD-3 级关断状态；

（3）检查确认现场流程压力处于正常范围内，如达到安全阀起跳压力，检查确认安全阀正常起跳、并且正常回座；

（4）检查确认现场有毒气体探测器和可燃气体探测器无报警，状态指示灯为绿色，无报警喇叭报警。

1.2.68 如何进行 ESD-3 关断（不放空）恢复操作？

答：（1）关闭井口 11 号闸阀和井口笼套式节流阀；

（2）若 ESD-3 级关断为中控室触发全气田 ESD-1、ESD-2 级关断导致，则待中控室解除该关断并接到调度指令后再在手操台按 ESD-3 级关断复位按钮；

（3）若为站内手操台触发，则将 ESD-3 级关断按钮进行复位；若为 SCADA 系统关断界面触发，则在人机界面进行关断信号解除并在手操台进行复位；如果现场 ASB 按钮触发，则到现场进行手动 ASB 复位后再到手操台进行复位；

（4）现场将燃料气 ESDV 电磁阀进行复位，将燃料气 ESDV 打开；

（5）上述操作完成后，向区调度室汇报；

（6）接到调度恢复流程指令后，进行流程恢复操作；

（7）如果此次关断时间过长，长明灯已熄灭，则需到火炬区对长明灯进行手动点火操作；

（8）若二级节流阀后压力超过关断点（800kW 为 21MPa，1000kW 为 19MPa）、三级节流阀后压力超过关断点 12.5MPa，则先将超压段进行放空；当压力低于关断点后，在加热炉控制面板上进行复位操作，并重新启动加热炉；

（9）现场将外输 ESDV 打开，按照井口控制柜操作规程将地面安全阀打开；

（10）按照开井阀门状态确认表进行流程确认；

（11）等待调度指令，准备开井。

1.2.69 进行 ESD-3 关断（不放空）恢复操作注意些什么？

答：（1）操作时必须穿戴防护器具，且有人监护；

（2）在执行关断复位前，将关断的原因和自控阀门状态记录清楚；

（3）若安全阀启跳后未正常回座，则手动关闭安全阀根部闸阀，并汇报调度，并按调度指令执行操作；

（4）打开地面安全阀之前，要将井口 11 号闸阀和笼套式节流阀关闭；

（5）对加热炉进行复位后，检查确认现场二、三级节流阀开度恢复至关断前开度值；

（6）如遇 ESDV 无法正常复位，可先手动打开 ESDV，观察阀位状态并汇报区调度，技术人员迅速至现场处理故障。

1.2.70　ESD-4 关断恢复检查有哪些内容？

答：（1）在站控室人机界面查找 ESD-4 级关断触发源；

（2）检查确认井口地面安全阀处于关闭状态、井下安全阀为开启状态、加热炉处于 ESD 停炉状态；

（3）检查确认现场流程压力处于设备正常工作压力，如若达到安全阀起跳压力，检查确认安全阀正常起跳，并且正常回座。

1.2.71　如何进行 ESD-4 关断恢复操作？

答：（1）若为井口压力高高报警导致 ESD-4 级关断，则先从井口放空区将井口段压力手动放空至 12~35MPa 之间，若为井口压力低低报警（小于 5MPa）导致 ESD-4 级关断，则汇报调度室，由其安排人员进行处理；

（2）对站控人机界面 ESD-4 级关断界面进行 ESD-4 关断复位操作；

（3）关闭井口 11 号闸阀和笼套式节流阀；

（4）检查加热炉进口压力，若高于 19MPa，将三节流阀打到就地状态，手动控制阀门开度，使加热炉进口压力低于 19MPa 后，将该节流阀打到远程控制状态；

（5）在加热炉控制面板上进行复位操作，并重新启动加热炉；

（6）按照井口控制柜操作规程将地面安全阀打开；

（7）按照开井阀门状态表确认流程；

（8）等待调度指令，准备开井。

1.2.72　进行 ESD-4 关断恢复操作应注意些什么？

答：（1）操作时必须穿戴防护器具，且有人监护；

（2）在执行关断复位前，务必要将关断的原因查找清楚；

（3）对加热炉复位时，务必确保二级节流阀和三级节流阀间的压力低于 19MPa，才能复位成功；

（4）打开地面安全阀之前，务必将井口 11 号闸阀和笼套式节流阀关闭；

（5）若安全阀启跳后未正常回座，则手动关闭安全阀根部闸阀，汇报调度，按调度指令执行操作。

1.2.73　阀室的组成有哪些？

答：阀室包括仪表室和阀门室，仪表室内有 UPS 机柜、通信机柜和 FSM 防腐机柜，阀门室内有线路截断球阀等。

1.2.74　线路截断阀（BV）的作用是什么？

答：线路截断阀主要用于管道破裂后阀门自动关闭，以保证高含硫化氢天然气的泄漏总量在可接受的安全范围内；其次用于联锁关断或人为关断。线路截断阀在接收到关断信号后能够立即实施关断，关断信号来自人工干预、ESD 系统、压力下降速率 3 个方面。

1.2.75 线路截断阀(BV)在有气源的状态下共有哪些动作?

答:(1)远程控制(指控制室和中控室)开阀,有开到位反馈显示;

(2)远程控制(指控制室和中控室)关阀,有关到位反馈显示;

(3)手动本地开阀,有开到位反馈显示;

(4)手动本地关阀,有关到位反馈显示;

(5)ESD 紧急关断联锁命令,一旦发生 ESD 紧急关断,有报警输出;

(6)GPO 破管紧急关断,有三种状况可以发生破管紧急关断:

① 压降速率降低到设定值:设定值为 2.0MPa/min;

② 压力降低到最低值:设定为 0bar;

③ 压力升高到最高值:设定为 100bar。

(7)游动功能测试:检测阀门在长期打开的状态下是否被卡死。

1.2.76 气液联动球阀(BV)如何进行复位操作?

答:气液联动球阀(BV)在发生了 ESD 动作和 GPO 破管紧急关断后,需手动复位;手动复位的作用是在发生紧急关断时,阀门被锁死,故障解除后,必须在阀门的现场进行手动复位,才能进行阀门的本地或远程操作。

1.2.77 监控阀室 RTU 的功能主要有哪些?

答:(1)采集阀室的温度、压力和阴极保护等参数;

(2)监视线路截断阀的状态;

(3)控制线路截断阀开启、关闭;

(4)由调度控制中心远程关闭线路截断阀,在确保安全的前提下可执行远程开阀;

(5)监视供电系统工作状态;

(6)监视阀室的可燃气体报警、火灾报警等。

1.2.78 管道、阀室巡护巡护内容主要有哪些?

答:(1)按时巡线,检查确认管道周围山体没有滑坡迹象,堡坎无松动和裂缝存在,管线无露管现象;对管道上发生的任何情况必须如实记录,及时向集气站汇报;

(2)检查确认巡检道路周围无岩石松动;

(3)检查确认管道无占压情况;制止管道安全防护带种植深根植物和建筑物占压的行为,并按规定下达《管道占压违章通知书》,同时向区汇报,主动配合相关部门的调查、处理工作;

(4)检查确认阀室外状态灯显示正常(绿色);

(5)检查确认阀室阀位状态,与自控系统状态与现场显示一致;

(6)检查确认阀室各个动静密封点无有漏点;

(7)检查确认阀室轴流风机能正常运转;

(8)汛期,对管线穿跨越桁架、悬索、隧道、堡坎、护坡、河流段等增加巡查次数,发现隐患及时向集气站汇报;

（9）对管辖范围内各项施工进行监护、监督以及向相关集气站汇报工作开展情况；

（10）向管道沿线群众宣传《石油天然气管道保护法》和硫化氢防护相关知识，提高群众安全防护能力和遵章守纪意识；

（11）开展管道两侧100m、300m、500m、1000m范围内的居民分布情况调查工作，并定期复查核实，及时更新；

（12）按时参加压力管道火灾爆炸、硫化氢泄漏、人员中毒等专项应急预案的演练；

（13）负责阀室、桁架标准化建设，管线周边附属三桩、标志牌维护，以及缺失情况上报工作；

（14）按设备管理要求，对阀室设备进行保养；

（15）服从集气站日常管理及工作指令，严格遵守并执行普光采气区各项规章制度、安全操作规程及技术方案。

1.2.79 管道、阀室巡护应注意些什么？

答：（1）操作时必须按规定着工装、戴安全帽，背戴巡线专用正压式空气呼吸器，佩戴检测仪及耳塞等防护器具，且佩戴上岗证上岗，并有人监护；

（2）确认情况后，一人给上级汇报，一人警戒并时刻关注现场情况；

（3）每段管线的巡线人员须携带管道智能巡检仪。

第3节　气藏的动态监测

1.3.1 气藏较合理采气速度应满足的条件是什么？

答：在现有的开采技术条件下，尽可能满足国家和社会对天然气的需求，使气藏开采具有一定的规模和稳产期，气藏压力均衡下降，气井无水采气期长，有较高的采收率，能获得最佳的经济效益。

1.3.2 气藏采气速度与采收率之间重要的规律？

答：（1）不同类型的气藏，在长期稳定开采情况下，始终存在着符合实际条件的最佳采气速度，可保证获得最高的采收率；

（2）气采速度过高，引起高渗透层横向水浸。开采后期，采气速度过低，不利于释放水封气，均会降低采收率；

（3）地层的均质程度和气藏平均渗透率越高，采气速度可调节的范围越宽，采气速度对采收率影响较小；反之，采气速度对采收率的影响较大。

1.3.3 判断气井间是否连通可以从哪些方面分析？

答：（1）地层压力；

（2）观察各井气量变化；

（3）液体性质；

（4）注化学指示剂；

(5) 井间干扰情况；

(6) 压降曲线等。

1.3.4 怎样用井间干扰判断压力系统？

答：(1) 一口井采气，别的井关井，而关井压力随开采而自动下降；

(2) 甲井采气，乙井关井，当甲井关井后，乙井的关井压力将升高。

以上均说明井间有连通，属同一压力系统。

1.3.5 如何进行气井产水类别的分析？

答：气井产水一般有两类。一类是地层水，包括边水、底水等；另一类是非地层水，包括凝析水、泥浆水、残酸水、外来水等。地层水氯根含量高，且含烃类物质，非地层水一般不含有机物质。

1.3.6 从哪几个方面判断气井有边(底)水侵入？

答：(1) 钻探证实气藏存在边、底水；

(2) 井身结构完好，不可能有外来水窜入；

(3) 气井产水的水性与边(底)水一致；

(4) 采气压差增加，引起边水舌井或底水锥井，气井产水量增加；

(5) 历次试井结果对比，指标曲线上开始上翘的"偏离点"(出水点)的生产压差逐渐减小，证明水侵程度逐渐增高，单位压差下的产水量增大。

1.3.7 从哪几个方面判断气井有外来水进入？

答：(1) 经钻探得知气层上面或下面有水层；

(2) 固井质量不合格，或套管下得浅，裸露层多，或在采气过程中发生套管破裂，提供了外来水入井通道；

(3) 水性与气藏边(底)水水性不同；

(4) 井底流压低于水层压力；

(5) 水气比规律出现异常。

1.3.8 简述井筒积液产生的原因？

答：(1) 气井中液体通常是以液滴的形式分布在气相中，流动总是在雾状流范围内，气体是连续而液体是非连续相流动；

(2) 当气相不能提供足够的能量使井筒中的液体连续流出井口时，就会在气井井底形成积液，积液的形成将增加对气层的回压。

1.3.9 井筒积液产生的危害？

答：(1) 井筒积液将增加对气层的回压；

(2) 限制气井的生产能力；

(3) 井筒积液严重时可使气井完全停喷。

1.3.10 利用气井本身能量带水采气需要什么条件？

答：（1）气井有一定的产量，使油管鞋处的气流速度达到带水要求的最低速度；

（2）气井有一定的压力，气水混合物从井底流到井口后，有一定剩余压力，即井口压力要大于输气压力，以保证气体的输出；

（3）气井带水不好时，可以换用小直径油管，以恢复连续带水采气。

1.3.11 带水采气井的管理必须注意哪些问题？

答：（1）确定合理工作制度，保持连续带液，尽量做到压力、产气量、产液量三稳定；

（2）开关井操作要少、稳、慢，避免过多过猛地激动气井；

（3）一般不宜关井，要连续生产；

（4）关井前宜加产排液，尽量排除井筒积液；

（5）关井后井口必须严密不漏；

（6）关井后压力必须恢复到较高时才能开井；

（7）生产中如果出现油压下降，产水量减少，流量计差压波动频率下降，波动幅度增加等现象，说明带水不好，井筒液柱上升，生产恶化。这时应降低井口压力，增大压差强化带水。

1.3.12 气井出水应采取哪些治水措施？

答：出水的形式不一样，其相应的治水措施也不相同，根据出水的地质条件不同，可采取控水采气、堵水、排水采气等。

1.3.13 根据边、底水在气藏中活动及渗滤特征、出水类型可分为哪几种？

答：（1）水锥型出水；

（2）断裂型出水；

（3）水窜型出水；

（4）阵发型出水。

1.3.14 简述水锥型出水气藏的特征以及常用的治水措施？

答：特征是气藏渗透性较均匀，储渗空间以微裂缝、孔隙为主，水流向井底表现为锥进。

治水措施：慢性水锥型出水在气井出水前可采取控水采气措施，延长无水采气期，气井出水后，控制在合理产量下靠自身能量带水生产。

1.3.15 简述断裂型出水气藏的特征以及常用的治水措施？

答：特征是产层通道以断层及大裂缝为主，边水沿大裂缝窜入井底。治水措施：该类出水一般见水时间短，见水后应进行控水采气，增加单位压降采气量。

1.3.16　简述水窜型出水气藏的特征以及常用的治水措施？

答：特征是气层局部裂缝—孔隙较发育，渗透性好，地层水沿渗透性好的区域或层段横向侵入气井。治水措施：该类出水应搞清楚出水层段，采取封堵水层的措施来减少水的影响。

1.3.17　简述阵发性出水气藏的特征以及常用的治水措施？

答：特征是气藏局部区域孔道中少量的地产水随气流带入井底，使氯离子含量阵发性增加，称为阵发性出水。治水措施：气井阵发性出水，应注意对比出水前后氯离子含量、产水量的变化，在出水期间可根据气井情况提高产量带水或维持原制度生产，一般来说，阵发性出水对气井生产影响不大。

1.3.18　气井资料录取的基本要求是什么？

答：（1）基本要求是齐全、准确、字迹整洁，齐全是指按规定内容、按时录取，不漏取、不误时，准确就是不超过允许误差，能反映真实情况，字迹整齐，数据无误；

（2）审查严格，做到"三查、三对口"。"三查"指的是下班检查上班，夜班检查全天，井（站）长最后审查后才能上报；"三对口"指的是原始记录、采气日报表、采气月报表的数据一致。

1.3.19　如何绘制采气曲线？

答：（1）采气曲线统一用 24cm×40.5cm 的特定采气曲线纸，分每井每年一张和每井每季度一张两种曲线绘制，应比例适中，均匀分布，尽量避免曲线相交；

（2）图名必须有气田、井号、年、月；

（3）生产数据位纵坐标，时间为横坐标；

（4）绘制内容：油压，套压，日产气量，日产油量，日产水量，水气比，生产时间；

（5）按要求各条曲线颜色统一为：生产时间为黑色，气嘴为褐色，油压为棕色，套压为绿色，日产气量为黄色，日产油量为深红色，日产水量为蓝色，水气比为浅蓝色；

（6）除水气比关井时不绘制外，其他曲线均绘制成连续曲线，即曲线中间不能断开，关井时油气水量，生产时间均为零，气嘴按关井前直径连至开井；

（7）各条曲线的坐标系标明项目和计量单位，曲线应标明表示的内容，如套压、油压、日产气量等，取好单位比例；

（8）各条曲线要求比例适中，曲线分布均匀，尽量避免曲线相交，保持曲线准确，清洁美观；

（9）曲线的布局原则是压力曲线分布在最上部，产量曲线分布在底部，气水比、氯离子含量曲线等分布居中；

（10）要求每日一点，5d 连线，均用实线，每个点不超过 0.5mm；

（11）根据各井的具体情况确定曲线的条数与其他内容。

1.3.20　如何利用采气曲线判断井内情况？

答：(1)油管内有水柱影响，油压显著下降，产水量增加时油压下降速度相对增快；

(2) 油管内有堵塞发生时，油压、气井气量缓慢下降；

(3) 井壁坍塌，油压、气量突然下降；

(4) 井口附近油管断裂，油压上升、油套压相等；

(5) 井底附近渗透性变化，变好时压力上升，产量增加，变差时压力和产量下降速度增快。

1.3.21　气井正常生产有何规律变化？

答：气井正常生产时，各项生产参数的变化是有规律的。如油管生产时压力间的关系是：地层压力>井底流压>油压>一级节流后压力>二级节流后压力>三级节流后压力>计量分离器压力>输气压力；其油压、产气量是随时间缓慢下降的曲线，反映出气井的自然递减规律；水量、氯根含量基本稳定。

1.3.22　气井生产中氯根上升，产气量下降主要原因是什么？

答：(1)压力和水量变化不大，可能是出边水或底水的预兆；

(2) 压力和水量波动，是出边、底水的显示；

(3) 气量下降幅度大，油压下降，水量增加，出边水、底水。

1.3.23　气井生产中氯根上升，产气量下降处理措施是什么？

答：取样分析，以确定是否有地层水，及时调整气井井口压力和产量。

1.3.24　气井生产中未动操作油压、气量突然下降主要原因是什么？

答：(1)井底坍塌堵塞；

(2) 井筒或近井地带出现硫堵塞；

(3) 井内积液多；

(4) 连通好的邻井投产或提高产量。

1.3.25　气井生产中未动操作油压、气量突然下降处理措施是什么？

答：(1)检查分离器沙量是否增加；

(2) 排积液；

(3) 了解邻井情况；

(3) 通井监测。

1.3.26　气井生产中未动操作油压气量均上升可能原因是什么？

答：(1)井底附近脏物、积液带出，渗透性改善，此时产量上升；

(2) 连通好的邻井关井或减小气量。

1.3.27　气井生产中井场输气压力下降，外输气量突然增加可能原因是什么?

答：(1)外输相连其他井站压气量或关井；
(2)输气管断裂。

1.3.28　气井生产中输压上升，外输气量回零可能原因是什么?

答：(1)输气管堵塞；
(2)线路截断阀关闭。

1.3.29　气井生产中气量突然回零可能原因是什么?

答：(1)分离器排水；
(2)流量计故障；
(3)关断造成气井关井。

1.3.30　气井生产中产气量波动大的原因是什么?

答：(1)井底来；
(2)管线内有水；
(3)导压管内有水；
(4)污物堵塞了一部分气流通道；
(5)分离器水位超过进口管；
(6)本站有高产井产量波动导致汇管压力波动。

1.3.31　气井生产中产气量波动大处理措施是什么?

答：(1)控制井口；
(2)吹扫管线；
(3)吹扫计量系统；
(4)解堵；
(5)分离器排水；
(6)分析其他井生产情况。

1.3.32　什么是指数式产气方程?

答：$Q_g = C(p_r^2 - p_{wf}^2)^n$

式中　Q_g——气井产量，m^3/d；

　　　C——采气指数；

　　　p_r——地层压力，MPa；

　　　p_{wf}——井底压力，MPa；

　　　n——渗流指数。

1.3.33　如何求气井采气指数式方程及无阻流量？

答：（1）对某井稳定试井资料进行整理，填入气井稳定试井计算汇总表。

（2）绘制坐标轴系：以 $\lg(p_\text{f}^2-p_\text{wf}^2)$ 为纵轴，$\lg q_\text{g}$ 为横坐标的坐标系，如图1-3所示。

（3）坐标系上描点：绘各测点 $[\lg(p_\text{f}^2-p_\text{wf}^2)$，$\lg q_\text{g}]$ 值于坐标系上。

（4）求渗流指数 n 值：

① 作出各点的回归直线（连线时应尽可能使更多的点落在直线上，或均匀分布于直线两旁）；

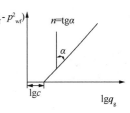

图1-3

② 图解法求 n 值，如作平行于纵轴的直线与采气指示直线的夹角为 α，则 $n=\text{tg}\alpha$；如作平行于横轴的直线与采气指示直线的夹角为 α，则 $n=\text{ctg}\alpha$；

③ 计算法求 n 值，在直线上任取两点，分别记下其坐标值 $a_1[\lg(p_\text{f}^2-p_\text{wf}^2)_1$，$\lg q_\text{g1}]$、$a_2[\lg(p_\text{f}^2-p_\text{wf}^2)_2$，$\lg q_\text{g2}]$，则：$n=\dfrac{\lg q_\text{g2}-\lg q_\text{g1}}{\lg(p_\text{f}^2-p_\text{wf}^2)_2-\lg(p_\text{f}^2-p_\text{wf}^2)_1}$

（5）求采气指数 c 值：

① 图解法求 $\lg c$：延长直线与横轴相交，直线与横轴的截距值为 $\lg c$；

② 计算法求 $\lg c$：在直线上任取一点，记下其坐标值 $[\lg(p_\text{f}^2-p_\text{wf}^2)$，$\lg q_\text{g}]$，则：

$$\lg c=\lg q_\text{g}-n\lg(p_\text{f}^2-p_\text{wf}^2)$$

③ 根据 $\lg c$ 查反对数即可求出 c。

（6）写出产气指数式方程式：$q_\text{g}=c\,(p_\text{f}^2-p_\text{wf}^2)^n$。

1.3.34　什么是二项式产气方程？

答：$p_\text{r}^2-p_\text{wf}^2=AQ_\text{g}+BQ_\text{g}^2$

式中　Q_g——气井产量，m^3/d；

　　　p_r——地层压力，MPa；

　　　p_wf——井底压力，MPa；

　　　A——摩擦阻力系数；

　　　B——惯性附加阻力系数。

1.3.35　如何求气井采气二项式方程及无阻流量？

答：（1）对某井稳定试井资料进行整理，填入气井稳定试井计算汇总表。

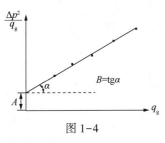

图1-4

（2）选择和绘制坐标轴：

以 $\dfrac{p_\text{f}^2-p_\text{wf}^2}{q_\text{g}}$ 为纵坐标，q_g 为横坐标建立坐标系，见图1-4。

（3）成果数据投影描点，绘各稳定点 $\dfrac{p_\text{f}^2-p_\text{wf}^2}{q_\text{g}}$，$q_\text{g}$ 值于坐标系上。

（4）绘制各点的回归直线（应尽可能使更多的点落在直线上，或均匀分布于直线两旁）。

（5）图解法求 A、B 值：延伸回归直线与纵轴的截距为 A 值、斜率为 B 值，作平行于横轴的直线与采气指示直线的夹角为 α，则 $B=\mathrm{tg}\alpha$，A 值可直接读取。

（6）计算法求 A，B 值。在直线上任取两点，分别记下其坐标值 $a_1\left[\left(\dfrac{p_{\mathrm{f}}^2-p_{\mathrm{wf}}^2}{q_{\mathrm{g}}}\right)_1,\ q_{\mathrm{g1}}\right]$、

$a_2\left[\left(\dfrac{p_{\mathrm{f}}^2-p_{\mathrm{wf}}^2}{q_{\mathrm{g}}}\right)_2,\ q_{\mathrm{g2}}\right]$，则：

$$B=\frac{\left(\dfrac{p_{\mathrm{f}}^2-p_{\mathrm{wf}}^2}{q_{\mathrm{g}}}\right)_2-\left(\dfrac{p_{\mathrm{f}}^2-p_{\mathrm{wf}}^2}{q_{\mathrm{g}}}\right)_1}{q_{\mathrm{g2}}-q_{\mathrm{g1}}},\quad A=\frac{p_{\mathrm{f}}^2-p_{\mathrm{wf}}^2}{q_{\mathrm{g}}}-B\cdot q_{\mathrm{g}}$$

（7）写二项式方程 $p_{\mathrm{f}}^2-p_{\mathrm{wf}}^2=A\cdot q_{\mathrm{g}}+B\cdot q_{\mathrm{g}}^2$。

（8）根据公式求出无阻流量：$q_{\mathrm{AOF}}=\dfrac{\sqrt{A^2+4B\left(p_{\mathrm{f}}^2-p_{\mathrm{SC}}^2\right)}-A}{2B}$

式中　q_{AOF}——气井无阻流量，m^3/d；

　　　p_{SC}——大气压力，$0.1\mathrm{MPa}$。

1.3.36　井身结构图的主要内容有哪些？

答：井身结构图包括以下几项数据：
（1）地面海拔和补心海拔（钻井时转盘中方补心的海拔）；
（2）钻井日期（开钻和完钻日期）；
（3）油气层段；
（4）钻头程序；
（5）套管程序；
（6）完钻井深及射孔完成井的水泥塞深度；
（7）水泥返高及试压情况；
（8）油管规格及下入深度；
（9）油气井完成方法；
（10）其他情况（井下有无落物等）。

1.3.37　如何绘制井身结构图？

答：（1）根据图纸型号绘制边框。
（2）根据钻井工程和地质资料相关的数据绘成草图。
（3）将修改准确的草图按套管大小顺序、层次画出正规的井身结构图。
（4）绘制内容：
① 钻头和钻至井深；
② 套管规格尺寸及深度、水泥返高；
③ 油管管串规格尺寸、长度及下入井内深度；
④ 油管鞋的结构、规格及长度；
⑤ 井下的衬管位置、结构、规格及长度；

⑥ 海拔高度及补心海拔高度；

⑦ 完钻方式和完钻井深及层位名称各个产层的井深及名称；

⑧ 主力产层井深及名称。

（5）在图纸的顶部写出某构造、气田、井号。

（6）在图纸的右下角标注绘图日期。

（7）在剖面图的两侧标注各种套管规格尺寸，油、气显示的符号及层次和油管规格尺寸及下入深度等数据。

第4节　集气站工艺操作

1.4.1　天然气管线试压，用水作为试压介质时，有何要求？

答：（1）线路段管道应进行分段试压，用水作为试压介质时，每段自然高度应保证最低点管道环向应力不大于 $0.9\sigma_s$，水质为无腐蚀性洁净水；

（2）试压宜在环境温度5℃以上进行，否则应采取防冻措施；

（3）注水宜连续，排除管线内的气体；

（4）水试压合格后，必须将管段内积水清扫干净。

1.4.2　管线的严密性试压应怎样进行？

答：（1）在强度试压合格后，将管道的试验压力降到工作压力，并稳压24h，使管道内气体温度和管线周围的土壤温度相平衡；

（2）然后进行严密性试验，其延续时间不得少于24h；

（3）经过检查无渗漏且压降不大于允许压降率，则认为管道的严密性试验合格。

1.4.3　管道吹扫的要求有哪些？

答：（1）吹扫前，系统中节流装置孔板必须取出，过滤器、调节阀、节流阀等设备或仪表拆除，用短节、弯头代替连通；

（2）系统吹扫采用洁净压缩空气，吹扫速度不低于20m/s，吹扫空气压力不超过0.6MPa；

（3）系统吹扫宜分段间断性反复吹扫，直至吹扫合格为止。

1.4.4　管线、设备吹扫的目的是什么？

答：（1）管线、设备吹扫的目的是清除因站场、管线在施工过程中带进的泥土、石块、积水、焊渣等杂物；

（2）保证管线及设备内部的清洁，保证正常生产。

1.4.5　设备投用前为什么进行氮气置换？

答：用氮气对集气站工艺设备及管道进行氮气置换空气，避免后续净化气联动试车步骤天然气与空气的直接混合接触，防止爆炸事故的发生。

1.4.6 设备投用前为什么进行氮气气密?

答：为避免气井投产后发生 H_2S 泄漏、着火爆炸、污染环境、设备损坏、人身事故等，保证各工艺参数正常，在集输系统进入净化气前，必须进行气密试验。用氮气作为介质在设计压力下，对已经完成水强度试验并扫水的设备和管道的所有连接点，借助验漏液（如肥皂水等）进行验漏，并消除泄漏处，直到全部合格为止。

1.4.7 如何进行放空、排污管线气密性试验?

答：（1）按照气密性试验要求，确认放空排污系统气密性试验的阀门状态；

（2）连接好氮气车和甲醇加注橇块备用泵出口法兰，氮气从甲醇加注管线引入井口管线；

（3）检查确认后打开氮气车对管线进行升压，升压应缓慢，当升至 1.6MPa 时稳压 10min，检查管道系统压力无下降、各动静密封点无泄漏为合格。

1.4.8 如何进行二级节流至外输管线气密性试验?

答：（1）按照气密性试验要求确认各阀门开关位置；

（2）确认无误后打开氮气车泵继续对管线进行充压；

（3）升压时应逐步升压，升压应缓慢，系统分别升压至试验压力的 30% 和 60% 时稳压 10min，检查管道无异常后，继续升压至气密性试验压力 10.7MPa，稳压 30min，检查管道系统压力无下降、各动静密封点无泄漏为合格；

（4）停止注入氮气；

（5）关闭二级节流阀。

1.4.9 如何进行一级节流至二级节流气密性试验?

答：（1）按照气密性试验要求确认各阀门开关位置；

（2）确认无误后打开氮气车泵继续对管线进行充压；

（3）升压时应逐步升压，升压应缓慢，系统分别升压至试验压力的 30% 和 60% 时稳压 10min，检查管道无异常后，继续升压至气密性试验压力 20MPa，稳压 30min，检查管道系统压力无下降、各动静密封点无泄漏为合格；

（4）停止注入氮气；

（5）关闭一级节流阀前镍基闸阀。

1.4.10 如何进行井口至一级节流气密性试验?

答：（1）按照气密性试验要求确认各阀门开关位置；

（2）确认无误后打开氮气车泵继续对管线进行充压；

（3）升压时应逐步升压，升压应缓慢，系统分别升压至试验压力的 30% 和 60% 时稳压 10min，检查管道无异常后，继续升压至气密性试验压力 40MPa，停止注入氮气，稳压 30min，检查管道系统压力无下降、各动静密封点无泄漏为合格；

（4）打开各橇块手动放空阀对管道内氮气进行放空。

1.4.11 净化气联调前进行哪些条件确认？

答：电力系统投运，通信系统投运，站控系统投运，甲醇加注橇加水完成，缓蚀剂加注橇加注完成，计量分离器加注完成，酸液缓冲罐加注完成，火炬分液罐加注完成等。

1.4.12 净化气联调试运方式是什么？

答：模拟正常开井顺序，从井口通过管线连接，对气井生产管线注入净化气升压，控制净化气进入放空火炬的方式进行放空，模拟外输工况，对主工艺流程中的各设备进行试运，投运火炬分液罐、酸液缓冲罐、缓蚀剂加注橇、甲醇加注橇等。

1.4.13 电力联调试运如何进行？

答：验证总电源、UPS、燃气发电机就地状态与站控系统显示是否一致。验证燃气发电机是否能在停外电后正常自动投用。模拟在突发停电状态下，利用燃气发电机组作为站场备用电源，为站场除生活设施用电外的一、二级负荷供电。

（1）检查确认：

① 送电前组织所有参与送电人员认真熟悉送电方案，人人做到心中有数。

② 配备足够的对讲电话，以便于现场指挥和联络。

③ 与送电有关的警示牌、警示带、检验合格的验电器、绝缘鞋、绝缘手套、绝缘胶垫（厚度不小于 10mm）、安全帽、干粉灭火器等准备齐全。

④ 送电中所使用的仪器、仪表必须经鉴定合格后方可使用。

⑤ 制定切实可行的应急预案，并预先进行模拟演练。

⑥ 检查发动机机油、冷却水处在规定液位。

⑦ 检查燃料气分配橇块至发电机组的燃料气专线上调压阀及阀后的压力表是否完好，调压后的燃料气压力为 1.74~2.74kPa，燃料气送至发电机组自动阀门前。

⑧ 配电室低压开关柜馈电回路一、二级负荷开关全部打开；现场各装置供电防爆配电箱开关打开。

（2）应具备的条件：

① 送电操作人员按规定进行操作。

② 外部电气连接完毕且符合标准规范和设计要求，站场供配电系统调试试运行完毕且验收合格，符合投运条件。

（3）启动机组：

① 由保运队伍电气操作人员分离高压环网柜负荷开关，双电源切换装置 DPT 在市电失电时给出启动机组信号，机组应在 10~20s 内启动起来，启动后 10s 之内自动加载。

② 配电室操作人员及时记录加载时低压开关柜及各回路的来电指示和显示是否正常，如出现异常，根据情况立即采取必要措施并及时向组长报告；同时，机组旁监视人员密切注意加载时机组的运行状态，发现异常情况及时向组长报告。如果一切正常，机组运行 1h。

③ 机组启动过程要及时记录机组运行情况，机组带载正常运行过程中，每隔 10min 记录一次机组运行参数和供电情况。

④ 所有送上电的低压开关柜全部挂上"盘柜有电""当心触电"警示牌。

⑤ 机组在 1h 内如运行正常，准备停机。

⑥ 接到停电指令后，操作人员在配电室通过 DPT 切换到市电供电，机组自动卸载，运行 2min 后停机。

⑦ 发电机组联调完成，所有参与运行的部门负责人及参与检查的人员、操作人员在《站场燃气发电机组联调记录》上签字。

（4）站场一、二级负荷供电，一级负荷包括应急照明、通信、自控仪表等的供电，二级负荷包括为站场装置区装置及电动阀门供电。

1.4.14 通信联调试运有哪些内容？

答：（1）验证 PA/GA 站内通信、站之间通信是否正常；

（2）验证 IP 电话站内通信、站之间通信是否正常；

（3）验证 CCTV 站内监控、中控室监控是否正常。

1.4.15 燃料气分配橇块联调试运如何进行？

答：投运燃料气分配橇块，验证燃料气分配橇块的压力、温度、液位是否在正常范围，压力、流量就地示值与站控系统显示是否一致，燃料气橇块进口 ESDV 现场状态是否与站控系统显示一致，点燃火炬长明灯，验证火炬长明灯状态与站控系统显示一致，验证放空总管端部热式气体质量流量计吹扫气流量就地示值与站控系统一致。

1.4.16 火气系统联调试运如何进行？

答：确认 SCADA 系统的状态及报警功能；用模拟膜片测试对射式可燃气监测器的状态，记录测试数据（30%左右）及 SCADA 报警功能情况；用火焰模拟器测试火焰监测器的状态及报警状态，及监测画面；用标准样气测试固定点式火气检测器，确认 SCADA 系统状态及报警功能；用模拟烟雾剂测试 VSDA 的功能及 SCADA 报警状态。

1.4.17 加热炉温炉联调试运如何进行？

答：启动加热炉，不投用节流阀自动调节，升温至 105℃，查看压力、温度、流量、液位是否在正常范围，验证燃料气系统压力、温度、流量就地示值与站控系统示值是否一致，验证温度控制阀 TCV 与 ESDV 现场状态与站控系统状态是否一致，验证加热炉点火、运行状态、PAHH 和 PALL 在站控系统状态是否正确显示。

1.4.18 三级节流至外输段建压与试运如何进行？

答：（1）关闭选定的净化气放空口（发球筒至放空总管的手动放空阀），按照正常生产状态导通其余工艺流程；

（2）选定井口临时吹扫口注入净化气，建压至 3.5MPa。打开发球筒至放空总管的手动放空阀，模拟正常气体流动。验证井口压力低低报警，外输管线低低报警，外输总计量后压力、温度就地示值与站控系统示值是否一致；

（3）当燃料气建压至 3.5MPa 时，将压力维持在正常生产时操作压力范围。验证加热炉及外输总计量静压、差压、瞬时流量、累计流量、压力、温度示值与站控系统示值是否一致；观察计量分离器压力、温度、液位是否正常；验证计量分离器压力、温度及液位就地示值与站控系统示值是否一致；从站控系统将 LV 置于自动状态，验证计量分离器液位联锁是否正常(液位达 62.5%高限值时是否报警并开启 LV 排液，液位达 37.5%低限时是否报警并关闭 LV)；验证计量分离器气相计量静压、差压、瞬时流量、累计流量、压力、温度示值与站控系统示值是否一致，液相计量瞬时流量、累计流量示值与站控系统示值是否一致；验证计量分离器 LV 状态是否与站控系统一致；

(4) 停止注入净化气，关闭井口临时吹扫口闸阀，将管线内净化气通过发球筒手动放空至 0MPa，放空燃料气经过火炬燃烧。验证加热炉三级节流后各压力、温度、流量是否在正常范围内，就地示值是否与站控系统一致。

1.4.19 二级节流至三级节流段建压与试运联如何进行？

答：调节三级节流阀，进行二级节流至三级节流管线的建压。建压过程中验证三级节流阀的现场手轮操作、电动操作、系统上的手动操作功能是否正常，检查三级节流阀的就地阀位值与站控系统示值是否一致；验证加热炉一级加热前的压力、温度就地示值与站控系统示值是否一致；验证加热炉三级节流前温度就地示值与站控系统示值是否一致。调整三级节流阀的开度，将二级与三级节流之间的压力维持在正常生产时操作压力范围。

1.4.20 井口一级至二级节流段建压与试运如何进行？

答：调节二级节流阀，对井口一级至二级节流段管线建压。建压过程中验证二级节流阀的现场手轮操作、电动操作、站控系统上的手动操作功能是否正常；检查二级节流阀的就地阀位值与站控系统示值是否一致，井口和采气树的压力、温度是否正常指示，现场示值是否与站控系统一致。

1.4.21 火炬分液罐联调试运如何进行？

答：(1)当容器内建立起正常的液位、压力、温度后，设备进入正常操作状态。查看温度计的显示，正常范围为：0~30℃，验证现场显示值与站控系统示值是否一致，查看压力表的显示，正常操作范围为 0~0.8MPa；验证压力、液位及温度就地示值与站控系统示值是否一致。

(2) 开启罐底泵电源，验证液位高于 60%时系统是否报警并自动启泵，观察流量是否正常，就地值是否与站控系统一致，液位达低限 0%时是否报警并自动停泵，检查泵的状态是否与站控系统状态一致。

1.4.22 缓蚀剂加注橇块联调试运如何进行？

答：验证液位、流量就地示值及泵的状态与站控系统显示是否一致，检查泵是否能够手动开启和停止。

1.4.23 缓蚀剂加注橇块液位变送器联调试运如何进行？

答：首先将缓蚀剂加注到缓蚀剂加注罐内。液位加注到最大液位 1.5m 处，然后关闭液位计上下控制球阀，通过液位计下排污阀现场改变 5 个及 5 个以上数值(需有一个最大值和一个最小值），将现场数值和站控室进行对比，如果现场值和站控室真实值显示一致，即认为合格。

1.4.24 缓蚀剂加注橇块流量计联调试运如何进行？

答：模拟正常工况下，通过调节外输加注泵流量控制手柄。现场改变 5 个及 5 个以上数值，将现场数值和站控室进行对比，如果现场值和站控室值显示一致，即认为合格。

1.4.25 缓蚀剂加注橇块泵体运行状态联调试运如何进行？

答：逐个开启各个计量泵，将各个泵现场运行情况和站控制室显示开关状态进行对比，若现场开泵信号和站控室显示一致，则调试成功。

1.4.26 缓蚀剂加注橇块隔膜报警信号联调试运如何进行？

答：现场调整隔膜报警器内间隙，模拟缓蚀剂计量泵报警信号，观察计量泵若能停车，并且控制面板上能显示隔膜报警信号和站控室能显示计量泵停车信号，即认为调试成功。

1.4.27 缓蚀剂加注橇块计量泵最大排量联调试运如何进行？

答：在正常工况下，外输加注管线上压力为 8.86~9.02MPa。将调节加注泵流量控制手柄调节到 100%，打开标定柱控制球阀对计量泵排量进行标定，外输加注泵排量为 7.31L/h，即认为合格。

1.4.28 缓蚀剂加注橇块流量标定联调试运如何进行？

在正常工况下，外输加注管线上压力为 8.86~9.02MPa，依次调节流量控制手轮（10%、20%、30%、50%、75%）改变各流量值，打开标定柱控制球阀。然后用秒表计时，计量出各个状态下各参数，将各参数值和流量计进行对比，若标定植和现场流量计显示值一致，则认为合格。

1.4.29 缓蚀剂加注橇块紧急停车联调试运如何进行？

答：缓蚀剂加注橇块紧急停车联调试运和站场关断系统一起进行调试，通过 ESD-3 和 ESD-4 级关断时，各个加注泵能否停止。若泵能停止，即认为合格。

1.4.30 甲醇加注橇块联调试运如何进行？

答：验证液位、流量就地示值及泵的状态与站控系统显示是否一致，检查泵是否能够手动开启和停止。

1.4.31 甲醇加注橇块液位变送器联调试运如何进行？

答：首先将甲醇加注到甲醇加注罐内，液位加注到最大液位 1.5m 处，然后关闭液位计上下控制球阀，通过液位计下排污阀现场改变 5 个及 5 个以上数值（需有一个最大值和一个最小值），将现场数值和站控室进行对比，如果现场值和站控室真实值显示一致，即认为合格。

1.4.32 甲醇加注橇块流量计联调试运如何进行？

答：模拟正常工况下，外输加注管线上压力为 8.86~9.02MPa。通过调节加注泵流量控制手轮，现场改变 5 个及 5 个以上数值，将现场数值和站控室进行对比，如果现场值和站控室值显示一致，即认为合格。

1.4.33 甲醇加注橇块泵体运行状态联调试运如何进行？

答：逐个开启各个计量泵，将各个泵现场运行情况和站控室显示开关状态进行对比，若现场开泵信号和站控室显示一致，则调试成功。

1.4.34 甲醇加注橇块隔膜报警信号联调试运如何进行？

答：现场通过打压泵模拟甲醇计量泵报警信号，观察若计量泵能停车，并且控制面板上能显示隔膜报警信号和站控室能显示计量泵停车信号，即认为调试成功。

1.4.35 甲醇加注橇块计量泵最大排量联调试运如何进行？

答：在正常工况下，外输加注管线上压力为 8.86~9.02MPa，将调节加注泵流量控制手轮调节到 100%，打开标定柱控制球阀对计量泵排量进行标定，连续标定 5 次，当外输加注泵排量为 1000L/h 时，即认为合格。

1.4.36 甲醇加注橇块流量标定联调试运如何进行？

答：在正常工况下，外输加注管线上压力为 8.86~9.02MPa，依次调节流量控制手轮（10%、20%、30%、50%、75%）改变各流量值，打开标定柱控制球阀，然后用秒表计时，计量出各个状态下各参数，将各参数值和流量计进行对比，若标定植和流量计显示值一致，则认为合格。

1.4.37 甲醇加注橇块紧急停车联调试运如何进行？

答：甲醇加注橇块紧急停车联调试运和站场关断系统一起进行调试，通过 ESD-3 和 ESD-4 级关断时，观察各个加注泵能否停止，若泵能停止，即认为合格。

1.4.38 计量模式联调试运如何进行？

答：在站控室人机界面，分别选择"不计量""手动选井""自动选井"，检查现场 XV 阀是否按程序切换并正常计量。

1.4.39 ESD 关断联调试运如何进行？

答：（1）在人机界面上依次对各个 ESD-3 的超驰、超驰状态下是否允许关断、旁路和复位进行测试，验证 PA/GA 是否正常联动；

（2）在人机界面上依次对 ESD-2 的超驰、超驰状态下是否允许关断、旁路进行测试，在手操台上对 ESD-2 的启动和复位进行测试；

（3）在中控室对站场 ESD-1 的超驰、超驰状态下是否允许关断、旁路、启动和复位进行测试，验证 PA/GA 是否正常联动。

1.4.40　ESDV、XV 及 BDV 功能测试如何进行？

答：验证站控系统开关 XV，站控系统给 BDV 开关信号并现场手动关，站控系统关 ES-DV、站控系统给 ESDV 开信号并现场手动开。

1.4.41　试车现场应遵守的安全管理规定有哪些？

答：（1）试车现场要做到"工完料净场地清"；

（2）参与试车人员要熟悉试车、投运方案，持证操作；

（3）参与试车人员穿戴劳保工装并佩戴标志；

（4）要在站场 300m、管线 500m 范围内设置警界带，实行区域管制，实行准入证制度，无关人员严禁入内；

（5）要在站场 300m、管线 500m 范围内的主要路口实行交通管制；

（6）进入站场 300m、管线 100m 范围内试车、投运人员要佩戴防护器具；

（7）试车、投运现场消防设备及应急物资要配备到位；

（8）对空气呼吸器、气体检测仪、干粉灭火器等气、消防设施要进行认真检查，确保处于良好状态；

（9）现场指挥和操作人员有临危处理权，当发现管线漏气、破裂或失火、爆炸等突发事件时，要立即采取有效措施处理事故，防止事故的漫延或扩大。管线和站场设备超压时，现场操作人员必须及时采取有效措施；

（10）安全阀校验合格专人负责检查，确认后投入使用；

（11）盲板管理要指定专人负责，现场要有明显标志；

（12）要制定污水装、卸及运输过程中的安全、环保措施，防止发生中毒及环境污染事故；

（13）进入站场的临时准入人员，必须进行入站安全教育，签订安全教育确认书；

（14）加强管道、阀室、隧道、穿（跨）越、地质敏感点、人口聚居点巡查；

（15）严禁在场站及警戒区内吸烟，不得将火种带入现场。入站手机要关闭，站内禁止使用手机；

（16）除工程车外，其余车辆不准进入场站和警戒区内，工程车必须加带防火帽。

1.4.42　气井开井前应检查哪些内容？

答：（1）检查确认装置区手动放空阀门已置于关闭状态；

（2）检查确认安全阀上下游阀门已置于开启状态；

（3）检查确认手动排污阀门已置于关闭状态；

（4）检查确认 BDV 阀已置于关闭状态，BDV 上下游阀门处于开启状态；

（5）检查加热炉处于正常工作状态，且水浴温度达到 60℃ 以上；

（6）根据阀门确认卡检查其他阀门状态，确保工艺流程满足开井要求；

（7）根据仪表确认卡检查确认各仪表处于工作状态，检查确认就地仪表读数与 SCADA 界面相符；

（8）检查确认 SCADA 系统压力高高、低低关断信号处于超驰状态；

（9）检查确认井下、地面安全阀处于开启状态；

（10）通过 SCADA 系统和 CCTV（工业电视监控系统）检查确认火炬长明灯处于燃烧状态；

（11）检查确认集气站火气监测系统处于运行状态。

1.4.43 气井开井步骤是什么？

答：（1）启动甲醇、缓蚀剂加注系统，根据气量调整加注量；

（2）缓慢打开井口生产阀门；

（3）打开井口笼套式节流阀；

（4）根据气量调节井口笼套式节流阀开度，同时在人机界面调整二、三级节流阀开度，直至压力、气量参数符合要求；

（5）待井口压力稳定后，将 SCADA 系统压力高高、低低关断信号超驰取消；

（6）挂阀位指示牌；

（7）填写开井时间、开井后油压、套压、油温、套温、产量等参数，并向上级汇报；

（8）待生产参数正常后停止甲醇加注泵，关闭加注口球阀。

1.4.44 气井关井步骤是什么？

答：（1）根据调度室指令，做好关井前记录；

（2）根据井口温度情况，启动甲醇加注系统；

（3）关井前屏蔽该井高低压限位阀，将井口压力高高报警、低低报警打超驰，当全站关井时将外输压力高高报警、低低报警打超驰；

（4）关闭井口笼套式节流阀；

（5）关闭井口生产闸阀；

（6）停运缓蚀剂加注泵；

（7）停运所关井加热炉；

（8）挂阀位指示牌，填写关井记录并向上级汇报。

1.4.45 气井关井前后记录哪些内容？

答：气井关井前记录：关井井号、关井原因、关井时间、关井前的油压、套压、油温、套温、通知单位、姓名。

1.4.46 气井开关井过程中应注意些什么？

答：（1）严禁用采气树闸阀控制流量，闸阀应完全打开，不准半开或半关；

（2）各级控制压力不准超过最大允许工作压力，同时注意防止节流阀处形成水合物堵塞；

（3）开关站场各级阀门顺序为先开低压，再开高压，依次进行，防止憋压；

（4）待井口压力稳定后，分别将井口控制柜、人机界面上井口高高报警、低低报警信号超驰状态恢复到正常状态；

(5) 当集气站长期处于关井状态时应将井口高高报警、低低报警和出站压力高高报警、低低报警信号超驰；

(6) 确认各动静密封点无渗漏现象，各项生产参数正常、各设备橇块处于正常运行状态。

1.4.47 气井调产操作前应检查哪些内容？

答：检查确认单井流程压力仪表、液位仪表、流量计未堵塞。

1.4.48 气井调产操作步骤是什么？

答：(1) 内操人员通过人机界面的各级压力以及流量参数指挥外操人员将笼套式节流阀根据提产或降产要求相对应地缓慢增大或减小；

(2) 内操人员根据节流后压力及流量参数，通过人机界面调整二、三级节流阀的开度；

(3) 产量调整到位后，由外操人员将缓蚀剂加注量调整到对应产量的流量；

(4) 外操人员读取现场一、二、三级节流阀的开度，确认与人机界面开度相同；

(5) 记录调产数据并汇报。

1.4.49 气井调产操作中应注意些什么？

答：(1) 操作时必须穿戴防护器具，且有人监护；

(2) 在调产过程中，外操人员须注意一级节流阀后的压力表与压力变送器的变化，并及时反馈给操作节流阀的人员；

(3) 调产结束后，确保一级节流后的压力在 19~28MPa 之间，二级节流后压力在 11~19MPa 之间，避免超压或节流过大；

(4) 内操人员操作二、三级节流阀时，要注意先操作三级节流阀，后操作二级节流阀，避免各级憋压。

1.4.50 井口一级节流阀操作前应检查哪些内容？

答：(1) 检查确认现场核对油压、套压、油温数据值与站控室一致，且现场变送器与机械式仪表示值一致；

(2) 检查确认观察放空火炬处于投运状态；

(3) 检查确认阀门无跑、冒、滴、漏现象。

1.4.51 井口一级节流阀开阀操作步骤是什么？

答：(1) 逆时针旋转阀杆固定销，将阀杆解除锁定；

(2) 逆时针缓慢开启笼套式节流阀；

(3) 当阀门关闭到位后，回转 1/4 圈；

(4) 顺时针旋转阀杆固定销，将其阀杆固定。

1.4.52 井口一级节流阀关阀操作步骤是什么？

答：(1) 逆时针旋转阀杆固定销，将阀杆解除锁定；

（2）顺时针缓慢关闭笼套式节流阀；

（3）当阀门关闭到位后，回转 1/4 圈；

（4）顺时针旋转阀杆固定销，将其阀杆固定。

1.4.53 井口一级节流阀阀门调节步骤是什么？

答：（1）按照开、关井操作规程，检查阀门状态，保证流程畅通；

（2）逆时针旋转阀杆固定销，将阀杆解除锁定；

（3）逆时针/顺时针缓慢开启/关闭笼套式节流阀；

（4）站控室/中控室观察站场各级压力和产量变化情况，缓慢调整笼套式节流阀开度到气井配产气量；

（5）顺时针旋转阀杆固定销，将其阀杆固定。

1.4.54 井口一级节流阀操作中应注意些什么？

答：（1）操作时必须穿戴防护器具，且有人监护；

（2）采气树节流阀型号不同，最大刻度不同，现场在用的最大刻度有 62、128、159 等，操作时不能超过这个最大值；

（3）操作时不得面向手轮方向站立，应在手轮侧面进行操作；

（4）当开关困难时不能用管钳进行野蛮操作；

（5）当节流阀关闭到位后回转 1/4 圈。

1.4.55 二、三级节流阀操作前应检查哪些内容？

答：（1）检查确认节流阀电源供应正常，显示面板右下角指示灯显示黄灯；

（2）检查确认阀位显示正常，无任何报警信息：

① 确定显示屏上阀位值与站控室显示一致；

② 确定显示屏除"Stopped"字样外无任何字样显示。

1.4.56 二、三级节流阀就地手轮操作步骤是什么？

答：（1）旋转执行机构上的红色旋钮至就地位置；

（2）压下手柄，逆时针（顺时针）旋转手轮，使之挂上离合器；

（3）转动手轮执行开阀（关阀）操作，直至达到要求；

（4）与站控室或中控室核对节流阀开度。

1.4.57 二、三级节流阀就地自动操作步骤是什么？

答：（1）旋转执行机构上的红色旋钮至就地位置；

（2）旋转黑色旋钮调整开度（顺时针旋转为关阀，逆时针旋转为开阀）；

（3）当开度达到要求值时旋转红色旋转按钮至"STOP"（停止）位置；

（4）与站控室或中控室核对节流阀开度。

1.4.58　二、三级节流阀远程操作步骤是什么？

答：(1) 旋转执行机构上的红色旋钮至远程位置；
(2) 进入 SCADA 系统工程师管理权限；
(3) 在人机界面上点击节流阀图标，进入节流阀阀位设定对话框；
(4) 按需求进行阀位设定，并确认。

1.4.59　二、三级节流阀操作中注意些什么？

答：(1) 操作时必须穿戴防护器具，且有人监护；
(2) 开关阀门时动作要缓慢，防止管线憋压；
(3) 由于"就地自动操作"阀位调节难以准确控制，在生产过程中，除非"远程操作"和"就地手轮操作"失灵，否则不要执行该操作；
(4) 现场操作节流阀时，站控室依据二、三级节流阀上下游压力确定二、三级节流阀开度，并与现场人员时刻保持联系。

1.4.60　如何进行集气站验漏操作？

答：(1) 用喷壶对准动静密封点喷洒肥皂水，直到肥皂水布满密封点；
(2) 仔细观察密封点是否有气泡产生；
(3) 做好记录，发现问题及时处理并向上级汇报。

1.4.61　放空操作前应检查哪些内容？

答：(1) 检查确认火炬主火处于正常工作状态、长明灯无熄火报警；
(2) 检查火炬分液罐液位在 60% 以下；
(3) 检查确认放空管段所涉及 ESD 关断的逻辑系统处于"超驰允许"状态。

1.4.62　放空操作步骤是什么？

答：(1) 切换放空管段流程或关井；
(2) 打开手动放空闸阀；
(3) 缓慢开启手动放空截止阀；
(4) 观察放空管线压力的变化情况和火炬燃烧情况，调节放空截止阀开度；
(5) 确认放空管线压力降至零后，关闭手动放空截止阀和闸阀；
(6) 悬挂阀门开、关指示牌；
(7) 填写放空记录，并向调度室汇报。

1.4.63　放空操作中应注意些什么？

答：(1) 操作时必须穿戴防护器具，且有人监护；
(2) 放空后手动闸阀应完全关闭，不得有半开半关现象；
(3) 操作时适当控制截止阀开度，防止管线冰堵，防止放空气体携液；
(4) 在放空操作前，需确认火炬区没有非工作人员；
(5) 流程放空时要求上提孔板至上腔。

1.4.64　如何进行日常巡检？

答：（1）地面集输 SCADA 系统 24h 录取井口压力数据，岗位员工每 4h 巡查井控装置和录取资料，检查、分析对比人机界面仪表数据与就地仪表数据相符性，发现井口装置工况异常情况及时确认处理并汇报，不能处理时立即向主管部门和上级领导汇报；

（2）每次巡检都需要对各阀门状态进行确认，每天至少进行一次验漏，保证无渗漏。在巡检、验漏时，必须佩戴便携式硫化氢检测仪及正压式空气呼吸器，两人同行，之间间隔至少 5m 且能看清对方，确保一人作业、一人监护；

（3）保证各阀门色彩鲜明，无锈蚀、脱漆现象，标识清楚。对外露阀杆的部分加保护套；

（4）巡检时必须认真查看各阀门状况，发现阀门丢失、损失、失灵以及渗漏等情况，在巡检记录本上应认真记录，及时向区调度室汇报；

（5）在巡检过程中发现阀门出现异常，设备工作不正常，密封点出现跑、冒、滴、漏现象，由岗位人员进行及时有效处理，并将异常情况及处理情况记录清楚；

（6）发现酸性气体泄漏，若泄漏可控，现场立即采取紧急控制措施，并上报区调度室，区应急小组人员立即赶往现场解决，若泄漏不可控，需报厂调度室及主管领导；

（7）每月对各站场的日常巡检记录和资料台账进行检查，检查情况将纳入月度绩效考核。

1.4.65　燃料气置换操作前应检查哪些内容？

答：（1）检查确认需吹扫的酸气管道内压力为 0MPa；
（2）检查确认吹扫口阀门处于关闭状态。

1.4.66　燃料气置换操作步骤是什么？

答：（1）卸开吹扫口盲法兰；
（2）将吹扫管线法兰与吹扫口阀门的法兰相连接并紧固；
（3）打开吹扫管线上的控制阀门对连接处进行验漏，验漏不合格需再次紧固；
（4）打开吹扫阀门，将燃料气导入流程进行置换；
（5）置换合格后关闭燃料气控制阀，检测硫化氢浓度小于 10PPm 为合格；
（6）恢复流程，盲板隔断。

1.4.67　燃料气置换操作中应注意些什么？

答：（1）操作时必须穿戴防护器具，且有人监护；
（2）在拆卸吹扫口盲法兰过程中，需要将防爆排风扇放在上风口一直对拆卸口进行吹扫；
（3）燃料气置换压力应控制在 0.2MPa。

1.4.68　安全阀更换步骤是什么？

答：（1）对所在的安全阀部位进行流程切换；

（2）关闭安全阀上游根部阀及下游出口阀门；

（3）拆卸安全阀上、下游法兰螺栓，卸下安全阀并进行清水喷淋；

（4）用棉纱清洁法兰密封面并检查密封面有无损伤；

（5）更换法兰密封件，将准备好的安全阀安装到位，对称紧固螺栓；

（6）打开安全阀下游出口阀门及上游根部阀并打铅封；

（7）对安全阀进口法兰进行试压、验漏，并做好记录。

1.4.69　安全阀更换注意些什么？

答：（1）操作时必须穿戴防护器具，且有专人监护；

（2）安全阀位置在2m以上，严格按照高空作业要求进行；

（3）如安全阀质量较大，则需借助其他起重工具并办理相关吊装作业手续；

（4）酸气试压需达到安全阀整定压力的90%；

（5）生产分支管、加热炉进口、分酸分离器更换安全阀需关井、放空泄压，计量分离器、计量分支管、收发球筒更换安全阀需放空泄压。

1.4.70　如何进行手动球阀的操作？

答：（1）开阀操作：逆时针方向旋转手轮（手柄）使阀杆旋转90°直到指示器与管道走向平行为止；

（2）关阀操作：顺时针方向旋转手轮（手柄）使阀杆旋转90°直到指示器与管道走向垂直为止；

（3）注意事项：①打开前应检查阀位指示是否与实际相符；②球阀工作状态为全关或全开，不能做节流用，如发现不能全开或全关应查明原因并修理，使之恢复正常；③球阀应缓开、缓关；④开关阀门时，操作者身体不能正对阀杆，应站在阀门侧面；⑤带有齿轮箱的阀门，在开关完后应将手轮回转1/2圈。

1.4.71　如何进行手动闸阀的操作？

答：（1）开阀操作：逆时针方向转动手轮使阀杆上升到极限，使阀门全部打开；

（2）关阀操作：顺时针方向转动手轮使阀杆下降到极限，使阀门全部关闭；

（3）注意事项：①打开前应检查阀位指示是否与实际相符；②闸阀工作状态为全关或全开，不能做节流用，如发现不能全开或全关应查明原因并修理，使之恢复正常；③开关阀门时，操作者身体不能正对阀杆，应站在阀门侧面；④对于平板闸阀，开关至死点时，要回转1/4圈至1/2圈。

1.4.72　如何进行手动旋塞阀的操作？

答：（1）开阀操作：逆时针方向旋转手轮（手柄），直到需要的位置为止；

（2）关阀操作：顺时针方向旋转手轮（手柄），直到需要的位置为止；

（3）注意事项：①使用前应检查各连接处螺栓、螺母是否松动、漏气；②开关阀门时，操作者身体不能正对阀杆，应站在阀门侧面；③带有齿轮箱的阀门，在开关完后应将手轮回转1/4圈至1/2圈。

1.4.73　如何进行手动截止阀的操作？

答：（1）开阀操作：逆时针方向旋转手轮，直到需要的位置为止；

（2）关阀操作：顺时针方向旋转手轮，直到需要的位置为止；

（3）注意事项：①使用前应检查各连接处螺栓、螺母是否松动、漏气；②此类阀门主要作为旁通、放空或排污阀用，可以进行节流；③开关阀门时，操作者身体不能正对阀杆，应站在阀门侧面；④开关至死点时，要回转1/4圈至1/2圈。

1.4.74　如何进行ROTORK执行器的现场手动操作？

答：（1）压下手动/自动手柄，使其处于手动位置，旋转手轮以挂上离合器，此时松开手柄，手柄将自动弹回初始位置，手轮将保持啮和状态，直到执行器被电动操作，手轮将自动脱离，回到电机驱动状态；

（2）逆时针或顺时针转动手轮即可手动打开或关闭阀门，阀位中间开度在执行器的液晶显示器中以数字形式显示，当全开时显示"三"，全关显示"工"。

1.4.75　如何进行ROTORK执行器的就地电动操作？

答：（1）确认电动头供电正常，电动头显示屏无报警；

（2）旋转现场/停止/远程开关（红色选择器）至现场位置；

（3）开阀时将黑色选择开关旋转至"三"，松开后自动复位，阀门开始电动打开，直到液晶显示器显示"三"；

（4）开阀时将黑色选择开关旋转至"工"，松开后自动复位，阀门开始电动关闭，直到液晶显示器显示"工"；

（5）在阀门开关过程中，将现场/停止/远程开关（红色选择器）旋转到"STOP"位置，阀门停止动作。

1.4.76　如何进行ROTORK执行器的远程电动操作？

答：（1）现场把电动头上控制模式切换开关转到"远控"位置；

（2）值班人员在站控机屏幕上点击相应阀门，出现该阀门的"阀门控制"窗口，然后点击该窗口内"手动/自动"，将阀门状态切换至"自动"，再点击"开阀"或"关阀"按钮，阀门开始进行开阀或关阀的动作，屏幕上相应阀门颜色变为"绿色"，直到相应阀门颜色变为"白色"或"黑色"，此时表示现场阀门全开或全关到位；

（3）在阀门正在动作期间任意时刻点击该阀门"阀门控制"窗口内的"停阀"按钮，阀门立即停止动作。

1.4.77　进行ROTORK执行器远程电动操作要注意哪些？

答：（1）就地手动操作完阀后实施电动操作时，手轮将自动脱离手动操作状态；

（2）当阀门电动操作出现过扭矩时，需要进行现场就地手动操作活动该阀门；

（3）电动阀门正常情况下处于"远控"控制模式，现场控制模式旋钮应被锁定。

1.4.78　进行气井节流阀的操作前应检查哪些内容？

答：（1）当笼套式节流阀全关后，检查刻度是否归零；

（2）笼套式节流阀压帽缺口内的数字为调节数字，当缺口内的数字是 0 时，证明刻度回零；

（3）如果刻度不回 0，则用内六角扳手，松开固定螺丝，将刻度套调节至 0 位，调节后，紧固定螺丝；

（4）检查笼套式节流阀的泄压阀是否关闭；

（5）检查笼套式节流阀刻度是否清晰，如果不清晰，清洗刻度套，擦拭后重新固定刻度套；

（6）检查锁紧螺丝是否松开。

1.4.79　如何进行气井笼套式节流阀的操作？

答：（1）向中控室汇报，准备调节刻度，中控室允许后，将刻度调至初开井开度；

（2）向中控室汇报，节流阀初始开度调节完成；

（3）采气开始后，如果有冻堵发生，则要活动节流阀手轮，活动范围不能超过±1 个刻度单位；

（4）中控室根据气量要求，向操作者下达调节节流阀指令，每次调节不能超过±1 个刻度单位，直到调节气量稳定，达到要求为止；

（5）调节完毕后，操作人员手动关闭笼套式节流阀锁紧螺丝。

1.4.80　气井笼套式节流阀日常巡检内容有哪些？

答：（1）如果开井后，笼套式节流阀异常震动，检查是否有异常响声；

（2）检查笼套刻度是否松动；

（3）笼套式节流阀出现漏气。

1.4.81　进行气井节流阀的操作注意事项有哪些？

答：（1）节流阀不能做截断阀使用；

（2）严禁在未松开锁紧螺丝时，调节节流阀开度；

（3）严禁使用管钳、加力杠等开关笼套式节流阀；

（4）不得敲击笼套式节流阀阀体。

1.4.82　手泵式执行机构 ESDV 操作前应检查哪些内容？

答：（1）检查确认泄压阀处于开位；

（2）检查确认仪表风压力在 0.5～0.7MPa。

1.4.83　手泵式执行机构 ESDV 有仪表风情况下如何操作？

答：（1）ESDV 阀复位操作：复位各级关断后，按下 ESDV 电磁阀侧的复位按钮；

（2）现场关阀操作：关断气源阀门，按下控制面板的放气钮，直到阀位指示器显示全关。

1.4.84　手泵式执行机构 ESDV 无仪表风情况下如何操作？

答：（1）开阀：现场将执行器汽缸左侧手动选择开关打到 MANUALOPEN 端，确认执行器后球阀处于关断状态，使用打压加力杆打压，直到阀位指示器显示全开；

（2）关阀：将执行器汽缸左侧手动选择开关打到 MANUALCLOSE 端，直到阀位指示器显示全关。

1.4.85　手泵式执行机构 ESDV 操作中应注意些什么？

答：（1）操作时必须穿戴防护器具，且有人监护；
（2）正常生产时，必须将执行器汽缸左侧手动选择开关打到 REMOTE 端；
（3）为保证阀门开关灵活，应定期通过按动阀门游离按钮，稍微活动阀门。

1.4.86　手轮式执行机构 ESDV 操作前应检查哪些内容？

答：（1）检查确认泄压阀处于开位；
（2）检查确认仪表风压力在 0.5~0.7MPa。

1.4.87　手轮式执行机构 ESDV 有仪表风情况下如何操作？

答：（1）ESDV 阀复位操作：复位各级关断后，按下 ESDV 电磁阀侧的复位按钮；
（2）现场关阀操作：关断气源，按下控制面板的放气钮，直到阀门全关。

1.4.88　手轮式执行机构 ESDV 无仪表风情况下如何操作？

答：（1）开阀：现场逆时针操作 ESDV 阀门手轮，直到阀门指示器显示全开；
（2）关阀：顺时针旋转手轮，直到阀位指示器显示全关。

1.4.89　手轮式执行机构 ESDV 操作中应注意些什么？

答：（1）操作时必须穿戴防护器具，且有人监护；
（2）当手动开阀后，供上仪表风时，待仪表风压力稳定后，必须将手轮顺时针旋转到关闭状态；
（3）为保证阀门开关灵活，应定期通过按动阀门游离按钮，稍微活动阀门。

1.4.90　气动双作用球阀手动操作前应检查哪些内容？

答：（1）检查确认泄压阀阀位处于开位；
（2）检查确认仪表风供应阀门关闭；
（3）检查确认站控室未对电磁阀供电。

1.4.91　如何进行气动双作用球阀手动开阀操作？

答：（1）逆时针旋转气缸左手轮直到旋不动为止；
（2）顺时针旋转气缸右手轮直到阀位指示器显示全开。

1.4.92　如何进行气动双作用球阀手动关阀操作？

答：（1）逆时针旋转气缸右手轮到旋不动为止；

（2）顺时针旋转气缸左手轮直到阀位指示器显示全关。

1.4.93　气动双作用球阀操作中应注意些什么？

答：（1）操作时必须穿戴防护器具，且有人监护；

（2）在需要转入仪表风供应动力的情况下，逆时针旋转两端手轮直到旋转不动为止，并打开仪表风供应阀门。

1.4.94　气液联动球阀操作前应检查哪些内容？

答：（1）检查确认液压、气压连接管线无泄漏；

（2）检查确认正常工作状态下气缸压力和燃料气管线一致；

（3）检查确认现场开关状态与中控室一致。

1.4.95　如何进行气液联动球阀就地开阀操作？

答：（1）手泵开阀：将方向控制阀拉出，旋转到开位置；将复位旋钮转到平衡位置；手动压泵进行开阀操作，直到阀门顶部阀位指示器显示"开"状态；

（2）气动开阀：将方向控制阀拉出，旋转到自动位置；将复位旋钮转到平衡位置；将控制箱打开，按下开按钮直到阀门顶部阀位指示器显示"开"状态。

1.4.96　如何进行气液联动球阀就地关阀操作？

答：（1）手泵关阀：将方向控制阀拉出，旋转到关位置；手动压泵进行关阀操作，直到阀门顶部阀位指示器显示"关"状态；

（2）气动关阀：将方向控制阀拉出一点，旋转到自动位置；将控制箱打开，按下关按钮进行关阀操作，直到阀门顶部阀位指示器显示"关"状态。

1.4.97　如何进行气液联动球阀远程操作？

答：（1）阀室仪表间操作：将方向控制阀拉出，旋转到自动位置；在控制室 RTU 操作面板输入密码后直接进行开关阀操作；

（2）中控室操作：确认控制阀在自动位置，在人机界面进行开关阀操作。

1.4.98　自力式液压闸板阀操作前应检查哪些内容？

答：（1）检查确认执行器外观完好、无松动、无漏油；

（2）检查确认阀门就地和远传状态显示一致；

（3）检查确认液压油液面在上部的油位计四分之一处；

（4）检查确认紧急关断按钮处于推入位置。

1.4.99 如何进行自力式液压闸板阀手动关阀操作？

答：手动将跳闸阀置于自锁位置，然后手动压油直到顶部指示器指示关闭（液压值约为 1000~2500psi）。

1.4.100 如何进行自力式液压闸板阀手动开阀操作？

答：（1）用力将手动跳闸阀推到跳闸位置，并保持，直到闸板阀完全打开；

（2）敲碎阀门执行器前面的玻璃，拉出按钮，闸板阀完全打开。

1.4.101 自力式液压闸板阀操作中应注意些什么？

答：（1）操作时必须穿戴防护器具，且有人监护；

（2）操作人员离开现场前应确认跳闸阀处于解除锁定状态；

（3）通过观察阀位指示器确定闸板阀开关到位；

（4）操作阀门后，对阀门就地和远传状态进行对比，显示一致为正常。

1.4.102 手动打开自力式液压闸板阀的方法以及手动打开失效后的打开方法是什么？

答：手动打开闸阀：敲碎阀体执行机构正面玻璃面板拉出按钮；

手动打开闸阀失效：用力将手动跳闸阀推到跳闸位置，并保持不松手，闸板阀会逐渐打开。

1.4.103 阀门排污操作前应检查哪些内容？

答：（1）检查确认阀门排污口无松动、无泄漏；

（2）在拆卸阀门排污堵头前检查管段压力是否为0MPa。

1.4.104 阀门排污操作步骤是什么？

答：（1）将阀门所在管线两端压力放空至零；

（2）关闭需要排污的阀门；

（3）扳手缓慢拆卸阀门排污堵头；

（4）用排污管将阀门内排污口和碱液桶相连；

（5）缓慢打开排污阀，排放阀腔污液；

（6）排放完成后，关闭排污阀，安装阀门排污堵头；

（7）清理现场污物。

1.4.105 阀门排污操作中应注意些什么？

答：（1）操作时必须穿戴防护器具，且有人监护；

（2）打开排污阀前，确保管道内压力为零，且打开排污阀时要缓慢操作，避免造成人员伤害；

（3）在拆卸排污堵头和打开排污阀时，应侧向排污方向站立。

1.4.106　自立液压闸板阀液压油更换前应检查哪些内容？

答：（1）检查确认油品已变质；

（2）检查确认 BDV 处于关闭状态。

1.4.107　自立液压闸板阀液压油更换步骤是什么？

答：（1）关闭 BDV 上流闸阀；

（2）按操作规程手动打开 BDV 阀，卸松 BDV 液压油腔下面泄油塞堵头，将废油放入塑料空桶中，检测油箱内是否存在硫化氢气体；

（3）用活动扳手卸松 BDV 液压油加注口的油帽，用 ESSOUNIVISN22 号液压油冲洗油缸，将残留的油品置换出来；

（4）拧紧 BDV 的泄油塞，用三级过滤器将 ESSOUNIVISN22 号油缓慢注入油腔；

（5）油位达到上油腔观察窗的 1/4～3/4 处时停止加注；

（6）拧上 BDV 加注口油帽。

1.4.108　自立液压闸板阀液压油更换中应注意些什么？

答：（1）操作时必须穿戴防护器具，且有人监护；

（2）油品更换完成后要用棉纱和清水将现场清理干净。

1.4.109　气液联动球阀液压油更换操作前应检查哪些内容？

答：（1）检查确认油品已变质；

（2）检查确认气液联动球阀处于关闭状态；

（3）检查确认仪表风进气阀门已关闭。

1.4.110　气液联动球阀液压油更换操作步骤是什么？

答：（1）卸松双边油缸下部的泄油塞，将废油放入塑料空桶同时检测油缸内是否存在硫化氢气体；

（2）打开油缸顶部加油口防护套，用液压油冲洗油缸，将残留的油品置换出来；

（3）拧紧油缸下部的泄油塞，将阀门手动开启 45°，将液压油缓慢抽入油缸；

（4）油位达到油标警示线时停止加注；

（5）盖上油缸顶部加油口防护套。

1.4.111　气液联动球阀液压油更换操作中应注意些什么？

答：（1）操作时必须穿戴防护器具，且有人监护；

（2）废弃液压油要进行回收处理；

（3）液压油更换完毕后，按照手动开关阀操作规程确认开关阀操作是否正常；

（4）液压油更换完成后要用棉纱和清水将现场清理干净。

1.4.112 手泵式气动单作用球阀液压油更换操作前应检查哪些内容？

答：(1)检查确认油品已变质；
(2)检查确认气动单作用球阀处于关闭状态；
(3)检查确认仪表风进气阀门已关闭；
(4)检查确认手摇泵处于"REMOTE(远程)"状态；
(5)检查确认执行器后球阀打开。

1.4.113 手泵式气动单作用球阀液压油更换操作步骤是什么？

答：(1)卸松手摇泵下部油缸左边的泄油塞，将废油放入塑料空桶同时检测油缸内是否存在硫化氢气体；
(2) 打开手摇泵顶部加油口丝堵，用液压油冲洗油缸，将残留的油品置换出来；
(3) 拧紧手摇泵下部油缸左边的泄油塞，用三级过滤器将液压油缓慢抽入油缸；
(4) 油位达到油标警示线(DON；T LET THE LEVEL OVERFALL)时停止加注；
(5) 将加油口丝堵缠上生胶带并拧紧。

1.4.114 手泵式气动单作用球阀液压油更换操作中应注意些什么？

答：(1)操作时必须穿戴防护器具，且有人监护；
(2) 废弃液压油要进行回收处理；
(3) 液压油更换完毕后，按照手动开关阀操作规程确认开关阀操作是否正常；
(4) 液压油更换完成后要用棉纱和清水将现场清理干净。

1.4.115 如何进行执行机构操作前的检查？

答：(1)确认执行机构驱动的阀门状态；
(2) 确认执行机构控制回路上所有排气口处于打开状态；
(3) 检查上下游进气引压管上所有阀门是否处于全开位置；
(4) 检查动力气压是否高于最低工作压力，以便确认是否可以操作气动动作装置；
(5) 确认控制回路无漏油、漏气现象。

1.4.116 如何进行气液联动执行机构的手操气动控制操作？

答：(1)拉住气动控制块左侧气动手柄进行开启执行机构的操作；
(2) 直至执行机构顶部指示器指到全开位置，此时可听到气流声明显增大；
(3) 松开气动手柄，使储气罐中高压天然气从气动控制块排气口泄放。

1.4.117 如何进行气液联动执行机构的关闭操作？

答：(1)拉住气动控制块右侧气动手柄进行关闭执行机构的操作；
(2) 直至执行机构顶部指示器指到全关位置，此时可听到气流声明显减小；
(3) 松开气动手柄，使储气罐中高压天然气从气动控制块排气口泄放；
(4) 现场操作人员完成操作后，必须确认阀门的开关位置是否满足要求，带远传功能的执行机构需确认其远传信号是否正确，经确认无误后方可离开现场。

1.4.118 进行气液联动执行机构的操作注意事项有哪些？

答：（1）在拉动气动手柄操作时，会感觉到有压力感，此时应用力拉动手柄，保证高压气不从气动控制块排气口泄放，这样执行机构才可正常动作。

（2）每次执行机构气动执行完毕后，高压气体会从气动控制块排放，此时应注意现场人员的人身安全和健康。操作时，现场操作人员应佩戴耳塞，在操作之后应立即撤离距执行机构足够的安全距离，以防止高速气流伤及操作人员。

（3）可通过手动泵两侧的速度调节器来分别调节执行机构的开/关速度。

1.4.119 如何进行气液联动执行机构的开启操作？

答：（1）按下手动泵上左端按钮；

（2）提起手动泵手柄至最高端，向下按动手柄；

（3）重复上步，直至阀位指示器指到全开位置；

（4）阀门到达全开位后，按住手动泵中央的平衡阀按钮，按下手柄，将手柄复位。

1.4.120 如何进行气液联动执行机构的关闭操作？

答：（1）按下手动泵上右端按钮；

（2）提起手动泵手柄至最高端，向下按动手柄；

（3）重复上步，直至阀位指示器指到全关位置；

（4）阀门到达全关位后，按住手动泵中央的平衡阀按钮，按下手柄，将手柄复位；

（5）现场操作人员完成操作后，必须确认阀门的开关位置是否满足要求，带远传功能的执行机构需确认其远传信号是否正确，经确认无误后方可离开现场。

1.4.121 进行气液联动执行机构的操作注意事项有哪些？

答：（1）气动执行机构分为执行机构失气关阀和失气开阀两种控制结构，即执行机构在气缸不带压时执行机构处于关或开的状态，在动作执行机构前必须进行确认；

（2）执行机构中的远控/ESD控制电磁阀分为带电放空和不带电放空两种结构，在现场操作和维护时应注意控制电磁阀的状态；

（3）执行机构操作结束后，需仔细确认执行机构是否动作到位，并与调控中心共同进行确认。

1.4.122 高压空气压缩机充压操作程序

答：（1）将电动机保护开关由"O"拨向"I"，启动电动机，使空压机空转，直到达到30MPa；

（2）打开冷凝器排液阀，排液，无液后关闭排液阀；

（3）将气瓶与充气阀连接；

（4）依次打开充气阀、气瓶阀开始充气；

（5）待气瓶压力升至30MPa后，依次关闭气瓶阀、充气阀；

（6）断开气瓶与充气阀的连接；

（7）将电动机保护开关由"I"拨向"O"，关闭电动机；

（8）打开充气阀，使空压机排气至8MPa，打开过滤器和油水分离器的冷凝液排放阀泄压，将液体与湿气放掉。

第5节　集气站生产应急管理

1.5.1　岗位人员应急处置应遵循的原则是什么？

答：集气站岗位人员应急处置应遵循先保护，后确认；先处置，后汇报；先控制，后撤离的原则。

（1）先保护，后确认：指在个人确保安全的前提下对事故直接原因进行确认；

（2）先处置，后汇报：紧急情况下先进行技术处置，然后按程序汇报；

（3）先控制，后撤离：指站场人员撤离时首先将站场关断，然后撤离。

1.5.2　岗位人员应急工艺处置原则是什么？

答：(1)迅速关断，切断气源；

（2）能保压，不放空；能放空，不外泄；

（3）就近截断，就近放空；避免小泄漏，大关断。

1.5.3　泄漏源处点（灭）火原则是什么？

答：(1)泄漏源处火未着，放空点火要优先；泄漏源处火已着，降温、防爆排在前；

（2）场内泄漏不点火，控制势态不扩大；管道泄漏酌情定，危及生命及时点；

（3）集输站场内泄漏原则上不允许点火，控制势态不扩大。在泄漏局面可以控制的前提下，要采取灭火的措施；

（4）为避免发生装置或人员密集区域火灾爆炸、中毒等难以挽回的巨大经济损失或势态恶化，点火、灭火都要慎重，在危及人员生命或导致工艺上无法控制的局面可能发生时，应视具体情况及时点火或灭火。

1.5.4　硫化氢泄漏后期处理原则是什么？

答：(1)检测清洗消除要全面，安全确认再生产；

（2）硫化氢泄漏区域，事发后坑、洞、池等低洼区域要进行硫化氢检测，实施吹扫、酸碱中和、稀释等方式，消除残留硫化氢。在安全的条件下，再进行回复生产的工作。

1.5.5　应急疏散广播系统启动范围是什么？

答：(1)100m 范围内检测到硫化氢气体时，启动泄漏点周围 500m 应急疏散广播系统；

（2）300m 范围内检测到硫化氢气体时，启动泄漏点周围 1000m 应急疏散广播系统；

（3）井喷失控，直接启动 1500m 应急疏散广播系统。

1.5.6　启动逻辑关断条件是什么？

答：（1）井喷失控；

（2）火灾爆炸；

（3）达到设计关断条件；

（4）其他经岗位人员风险评价的事件。

1.5.7　启动干粉炮车条件是什么？

答：（1）火灾爆炸（危险源得到有效控制）；

（2）其他经岗位人员风险评价的事件。

1.5.8　启动集气站飞信短信+防空警报条件是什么？

答：（1）井喷失控；

（2）火灾爆炸；

（3）其他经岗位人员风险评价的事件。

1.5.9　启动集气站飞信短信+防空警报+疏散广播条件是什么？

答：（1）井喷失控；

（2）火灾爆炸；

（3）硫化氢泄漏工艺控制失效；

（4）其他经岗位人员风险评价的事件。

1.5.10　启动管道、阀室疏散广播条件是什么？

答：（1）火灾爆炸；

（2）阀室硫化氢气体泄漏，阀室 20m 范围浓度达到 20ppm，根据现场条件，风险评估，启动 500m、1000m、1500m 疏散广播；

（3）管道硫化氢泄漏，管道周边 20m 范围浓度达到 20ppm，根据现场条件，风险评估，启动 500m、1000m、1500m 疏散广播；

（4）其他经岗位人员风险评价的事件。

1.5.11　岗位人员撤离站场的条件是什么？

答：站控室硫化氢浓度达到 20ppm。

1.5.12　硫化氢泄漏如何进行现场确认？

答：（1）迅速正确佩戴正压式空气呼吸器和便携式硫化氢检测仪；

（2）请求中控室人员进行现场监控；

（3）采用 1 人监护，1 人查找确认现场泄漏点位置。

1.5.13 井口一级节流阀至二级节流阀之间发生泄漏工艺处置措施是什么?

答：(1)执行该井的关井操作；

(2)关闭该井二级节流前闸阀；

(3)打开该井井口手动放空阀放空；

(4)连接井口燃料气吹扫流程进行置换；

(5)做好记录，及时汇报处理情况，待维修。

1.5.14 二级节流前闸阀至生产(计量)汇管进口闸阀之间发生泄漏工艺处置措施是什么?

答：(1)执行该井的关井操作；

(2)关闭该井进生产(计量)汇管进口闸阀；

(3)手动打开该井 XV，打开该井井口手动放空阀放空；

(4)连接井口燃料气吹扫流程进行置换；

(5)做好记录，及时汇报处理情况，待维修。

1.5.15 生产汇管进口闸阀至外输计量上游闸阀之间发生泄漏工艺处置措施是什么?

答：(1)执行该站场所有气井的关井操作；

(2)关闭外输孔板阀上游闸阀、外输计量旁通闸阀；

(3)打开生产汇管手动放空阀门进行放空；

(4)连接井口燃料气吹扫流程进行置换；

(5)做好记录，及时汇报处理情况，待维修。

1.5.16 外输计量上、下游闸阀之间泄漏工艺处置措施是什么?

答：(1)打开外输计量旁通闸阀；

(2)关闭外输孔板阀上、下游闸阀；

(3)做好记录，及时汇报处理情况，待维修。

1.5.17 外输计量下游闸阀至出站球阀之间泄漏工艺处置措施是什么?

答：(1)执行站场所有气井的关井操作；

(2)关闭出站球阀；

(3)打开生产汇管手动放空阀门进行放空；

(4)连接井口燃料气吹扫流程进行置换；

(5)做好记录，及时汇报处理情况，待维修。

1.5.18 计量汇管进口闸阀至计量分离器进口球阀之间泄漏工艺处置措施是什么?

答：(1)打开该井生产汇管 XV，将酸气导入生产汇管；

(2)关闭该井计量汇管进口闸阀、计量分离器酸气进口球阀；

(3)手动打开计量汇管放空阀门进行放空；

(4) 连接井口燃料气吹扫流程进行置换；

(5) 做好记录，及时汇报处理情况，待维修。

1.5.19　计量分离器进、出口球阀之间泄漏工艺处置措施是什么？

答：(1) 打开计量井进生产汇管 XV，将酸气导入生产汇管；

(2) 关闭计量分离器进、出口球阀；

(3) 计量分离器排液进外输管线；

(4) 打开计量分离器手动放空阀门；

(5) 打开计量分离器燃料气吹扫阀门进行置换；

(6) 做好记录，及时汇报处理情况，待维修。

1.5.20　计量分离器计量装置上、下游闸阀之间泄漏工艺处置措施是什么？

答：(1) 打开计量分离器孔板阀的旁通闸阀；

(2) 关闭孔板阀上、下游闸阀；

(3) 通过计量孔板阀对泄漏管线进行放空；

(4) 做好记录，及时汇报处理情况，待维修。

1.5.21　计量分离器压差控制阀上、下游阀门之间泄漏工艺处置措施是什么？

答：(1) 打开计量分离器压差控制阀的旁通阀；

(2) 关闭压差控制阀上、下游闸阀；

(3) 做好记录，及时汇报处理情况，待维修。

1.5.22　进站 ESDV 至来气出站球阀之间泄漏工艺处置措施是什么？

答：(1) 停上游集气站来气；

(2) 关闭进站 ESDV、出站球阀、收球筒至发球筒球阀；

(3) 打开进站 ESDV 下游放空阀门进行放空；

(4) 使用收球筒吹扫燃料气进行置换；

(5) 做好记录，及时汇报处理情况，待维修。

1.5.23　收(发)球筒本体及其直接相连的法兰、阀门泄漏工艺处置措施是什么？

答：(1) 导出进入收(发)球筒的气源；

(2) 打开收(发)球筒放空阀门进行放空；

(3) 打开收(发)球筒燃料气吹扫阀门进行置换；

(4) 做好记录，及时汇报处理情况，待维修。

1.5.24　过站球阀、外输球阀及发球筒出口第二球阀至出站管线之间泄漏工艺处置措施是什么？

答：(1) 汇报调度停上游集气站来气；

(2) 执行站场所有气井的关井操作；

（3）关闭过站球阀或进站 ESDV、本站外输 ESDV 或外输出站球阀、发球筒出口第一球阀进站 ESDV、下游阀室 BV；

（4）打开出站管线放空阀门进行放空；

（5）使用收、发球筒吹扫燃料气进行置换；

（6）做好记录，及时汇报处理情况，待维修。

1.5.25　站场去火炬放空管线泄漏工艺处置措施是什么？

答：（1）执行站场所有气井的关井操作；

（2）做好记录，及时汇报处理情况，待维修。

1.5.26　站场 BDV 上、下游闸阀之间泄漏工艺处置措施是什么？

答：（1）关闭 BDV 上游闸阀，打开 BDV 阀管线放空；

（2）对泄漏部位进行维修；

（3）关闭 BDV 下游闸阀，缓慢打开 BDV 上游闸阀验漏；

（4）关闭 BDV 阀，打开 BDV 上、下游闸阀；

（5）做好记录，及时汇报处理情况。

1.5.27　安全阀进、出口闸阀之间泄漏工艺处置措施是什么？

答：（1）关闭安全阀进、出口闸阀；

（2）对泄漏部位进行维修；

（3）完成后进行充压验漏；

（4）做好记录，及时汇报处理情况。

1.5.28　分酸分离器酸液出口阀门至酸液缓冲罐泄漏工艺处置措施是什么？

答：（1）执行站场所有气井的关井操作；

（2）关闭分酸分离器酸液出口阀门；

（3）酸液缓冲罐内酸液装车拉运；

（4）打开酸液缓冲罐燃料气吹扫阀门吹扫置换；

（5）做好记录，及时汇报处理情况，待维修。

1.5.29　酸液缓冲罐装车阀门下法兰至装车接头之间泄漏工艺处置措施是什么？

答：（1）停止酸液装车拉运；

（2）关闭出罐装车阀门和泄漏点上、下游阀门；

（3）做好记录，及时汇报处理情况，待维修。

1.5.30　站场液位计泄漏工艺处置措施是什么？

答：（1）关闭液位计上、下游根部控制阀；

（2）打开液位计放空阀；

（3）对液位计进行维修或更换；

（4）做好记录，及时汇报处理情况。

1.5.31 排污截止阀至火炬分液罐进口球阀之间泄漏工艺处置措施是什么？

答：(1) 停运计量分离器；

(2) 关闭生产汇管、计量汇管排污截止阀，关闭计量分离器排污截止阀，关闭收、发球筒排污截止阀，关闭火炬分液罐排污进口球阀；

(3) 做好记录，及时汇报处理情况，待维修。

1.5.32 火炬分液罐出罐装车阀门至装车接头之间泄漏工艺处置措施是什么？

答：(1) 停泵；

(2) 关闭出罐球阀和罐车井进口截止阀；

(3) 做好记录，及时汇报处理情况，待维修。

1.5.33 火炬分液罐罐底泵出口球阀至进外输管线球阀之间泄漏工艺处置措施是什么？

答：(1) 停泵；

(2) 关闭出罐进泵阀门和泄漏点上、下游阀门；

(3) 做好记录，及时汇报处理情况，待维修。

1.5.34 火炬分液罐罐底泵泄漏工艺处置措施是什么？

答：(1) 停泵；

(2) 关闭进出泵阀门；

(3) 做好记录，及时汇报处理情况，待维修。

1.5.35 压力表(变送器)接口之间泄漏工艺处置措施是什么？

答：(1) 关闭压力表(变送器)根部阀；

(2) 打开压力表放空口进行放空；

(3) 对泄漏部位进行维修或更换；

(4) 做好记录，及时汇报处理情况。

1.5.36 温度表、温度变送器泄漏工艺处置措施是什么？

答：(1) 停运温度表、温度变送器所在容器或管道；

(2) 对容器或管道内酸气进行放空并置换、吹扫；

(3) 做好记录，及时汇报处理情况，待维修。

1.5.37 液位计、液位变送器、流量计算机控制阀门及引压管线泄漏工艺处置措施是什么？

答：(1) 关闭液位计、液位变送器、流量计算机引压管线根部控制阀；

(2) 通过放空阀、丝堵、法兰进行放空；

(3) 对压泄漏处进行检查，进行紧固或更换生料带、垫片等处理。

1.5.38　生产管线腐蚀挂片、电阻探针、电子极化探针压帽处泄漏工艺处置措施是什么？

答：(1)停运所在管道，对管道内酸气进行置换、吹扫；

(2)更换密封垫片，并进行充压验漏。

1.5.39　取样口阀门、取样法兰泄漏工艺处置措施是什么？

答：(1)停运所在管道，对管道内酸气进行置换、吹扫；

(2)更换密封钢圈，完成后进行充压验漏。

1.5.40　燃料气进站阀门至分离器、汇管之间泄漏工艺处置措施是什么？

答：(1)关闭燃料气进站阀门、关闭燃料气至分离器出口阀门；

(2)关闭所有气控阀门进行超驰；

(3)停运所有加热炉；

(4)如果发现水合物生成，造成憋压时，执行站场所有气井的关井操作；

(5)停止站内燃料气，密切注意仪表风压力及节流后酸气的温度；

(6)打开燃料气分离器安全阀旁通阀门放空；

(7)做好记录，及时汇报处理情况，待维修。

1.5.41　燃料气流量计上、下游阀门之间泄漏工艺处置措施是什么？

答：(1)打开流量计的旁通闸阀；

(2)关闭流量计上、下游闸阀；

(3)做好记录，及时汇报处理情况，待维修。

1.5.42　燃料气调压阀上、下游阀门之间泄漏工艺处置措施是什么？

答：(1)打开备用调压阀上、下游闸阀；

(2)关闭在用调压阀上、下游阀闸门；

(3)做好记录，及时汇报处理情况，待维修。

1.5.43　燃料气分离器差压表上、下游阀门之间泄漏工艺处置措施是什么？

答：(1)关闭差压表上游、下游阀门；

(2)做好记录，及时汇报处理情况，待维修。

1.5.44　仪表风过滤器旁通阀到仪表风缓冲罐出口球阀泄漏工艺处置措施是什么？

答：(1)执行站场所有气井的关井操作；

(2)关闭仪表风缓冲罐进出口球阀；

(3)打开仪表风缓冲罐安全阀旁通阀门放空；

(4)做好记录，及时汇报处理情况，待维修。

1.5.45 仪表风过滤器上、下游阀门之间泄漏工艺处置措施是什么？

答：（1）打开过滤器的旁通闸阀；
（2）关闭过滤器的上、下游闸阀；
（3）做好记录，及时汇报处理情况，待维修。

1.5.46 燃气发电机调压阀上游阀门至进燃气发电机阀门之间泄漏工艺处置措施是什么？

答：（1）关闭燃气发电机调压阀上游阀门；
（2）打开燃料气发电机压力表阀门放空；
（3）做好记录，及时汇报处理情况，待维修。

1.5.47 燃料气供气管线泄漏工艺处置措施是什么？

答：（1）执行站场所有气井的关井操作；
（2）关闭燃料气供气阀门；
（3）做好记录，及时汇报处理情况，待维修。

1.5.48 燃料气吹扫管线泄漏工艺处置措施是什么？

答：（1）停止站场吹扫作业；
（2）关闭燃料气吹扫阀门；
（3）吹扫口高压端法兰加盲板；
（4）做好记录，及时汇报处理情况，待维修。

1.5.49 甲醇罐体及连接口泄漏工艺处置措施是什么？

答：（1）停泵；
（2）对泄漏部位进行紧固；
（3）若仍然泄漏，将甲醇转出；
（4）确认关闭围堰出口球阀，收集泄漏甲醇；
（5）做好记录，及时汇报处理情况，待维修。

1.5.50 甲醇罐出口阀门至甲醇泵进口阀门泄漏工艺处置措施是什么？

答：（1）停泵；
（2）关闭甲醇罐出口阀门、甲醇泵进口阀门；
（3）确认关闭围堰出口球阀，收集泄漏甲醇；
（4）做好记录，及时汇报处理情况，待维修。

1.5.51 甲醇泵进口阀门到甲醇泵出口阀门泄漏工艺处置措施是什么？

答：（1）停泵；
（2）关闭甲醇泵进、出口阀门；

（3）确认关闭围堰出口球阀，收集泄漏甲醇；

（4）启备用甲醇泵；

（5）做好记录，及时汇报处理情况，待维修。

1.5.52 甲醇泵出口阀门到甲醇注入口阀门泄漏工艺处置措施是什么？

答：（1）停泵；

（2）关闭甲醇泵进、出口阀门及甲醇进生产管线阀门；

（3）对泄漏甲醇进行回收；

（4）做好记录，及时汇报处理情况，待维修。

1.5.53 缓蚀剂罐体及连接口泄漏工艺处置措施是什么？

答：（1）停泵；

（2）对泄漏部位进行紧固；

（3）若仍然泄漏，将缓蚀剂转出；

（4）确认关闭围堰出口球阀，收集泄漏缓蚀剂；

（5）做好记录，及时汇报处理情况，待维修。

1.5.54 缓蚀剂罐出口阀门至缓蚀剂泵进口阀门泄漏工艺处置措施是什么？

答：（1）停泵；

（2）关闭缓蚀剂罐出口阀门、缓蚀剂泵进口阀门；

（3）确认关闭围堰出口球阀，收集泄漏缓蚀剂；

（4）做好记录，及时汇报处理情况，待维修。

1.5.55 缓蚀剂泵进口阀门到缓蚀剂泵出口阀门泄漏工艺处置措施是什么？

答：（1）停泵；

（2）关闭缓蚀剂泵进、出口阀门；

（3）确认关闭围堰出口球阀，收集泄漏缓蚀剂；

（4）启备用缓蚀剂泵；

（5）做好记录，及时汇报处理情况，待维修。

1.5.56 缓蚀剂泵出口阀门到缓蚀剂注入口阀门泄漏工艺处置措施是什么？

答：（1）停泵；

（2）关闭缓蚀剂泵进、出口阀门及缓蚀剂进生产管线阀门；

（3）对泄漏缓蚀剂进行回收；

（4）做好记录，及时汇报处理情况，待维修。

1.5.57 集气站应急处置步骤是什么？

答：（1）异常发现；

（2）人员保护；

（3）异常确认；

（4）应急处置；

（5）应急报告；

（6）应急终止。

1.5.58　硫化氢气体泄漏[体积分数小于100ppm（1ppm=1×10⁻⁶）]工艺处置措施是什么？

答：（1）在生产状态下，在无法对泄漏部位放空泄压情况下，采用如下工艺处置措施：①关井；②关外输出站球阀；③对泄漏部位进行放空泄压，确认压力为零；

（2）在生产状态下，通过切换流程可以对泄漏部位放空泄压，采用如下工艺处置措施：①切换流程；②关闭泄漏部位上游控制阀；③关闭泄漏部位下游控制阀；④对泄漏部位进行放空泄压，确认压力为零。

1.5.59　如何进行地面安全阀下法兰至生产分支管区域硫化氢泄漏（浓度20～100ppm）应急处置？

答：（1）关闭该井的笼套式节流阀，关闭该井的11#闸阀或地面安全阀，停加热炉停缓蚀剂加注泵，关闭外输ESDV。若漏点在地面安全阀下游法兰与笼套式节流阀上法兰之间则在关闭地面安全阀后重新打开笼套式节流阀；

（2）关闭出站球阀；

（3）打开井口或加热炉出口手动放空截止阀放空；

（4）确认该井系统压力泄放至零。

1.5.60　如何进行计量分支管至计量分离器出口硫化氢泄漏（浓度20～100ppm）应急处置？

答：（1）打开进外输生产兰高闸阀；

（2）关闭去计量分离器兰高闸阀；

（3）关闭计量分离器出口球阀和旁通截止阀；

（4）打开计量分离器罐顶安全阀旁通截止阀放空；

（5）确认计量分离器压力泄放至零。

1.5.61　如何进行生产分支管进口至外输ESDV下游法兰硫化氢泄漏（浓度20～100ppm）应急处置？

答：（1）关闭该井的笼套式节流阀，关闭该井11#闸阀，停加热炉，停缓蚀剂加注泵；

（2）关闭外输出站球阀；

（3）打开井口BDV或外输BDV旁通截止阀放空；

（4）确认压力泄放至零。

1.5.62　如何进行阀组（外输ESDV法兰下游）区域硫化氢泄漏（浓度20～100ppm）应急处置？

答：（1）配合中控室进行ESD-2级支线关断处理，密切监视泄漏情况；

（2）做好外输区域放空流程放空准备工作。

1.5.63　如何进行硫化氢泄漏(达到 ESD-3 关断条件)应急处置?

答：(1)启动 ESD-3 保压关断(或通知中控室启动)，在 SCADA 系统确认各井地面安全阀和外输 ESDV 都已关闭。若泄漏量较大，则可触发 ESD-3 泄压关断;

(2) 通知中控室进行监控;

(3) 根据泄漏点位置，打开井口 BDV 旁通流程或外输 BDV 旁通流程放空;

(4) 关闭各井笼套式节流阀，关闭 11# 闸阀;

(5) 发飞信通知站村联络员，请勿靠近。

1.5.64　如何进行火灾、爆炸安全确认?

答：(1)迅速正确佩戴正压式空气呼吸器和便携式硫化氢检测仪;

(2) 通过站场工业电视监控系统或人员现场确认着火点位置及火势大小;

(3) 紧急请求中控室人员进行现场监控。

1.5.65　如何进行火灾应急处置?

答：(1)启动 ESD-3 泄压关断，在 SCADA 系统确认各井地面安全阀和外输 ESDV 关闭，井口 BDV 和外输 BDV 打开;

(2) 通知中控室进行监控;

(3) 发飞信通知站村联络员，请勿靠近;

(4) 启动防空警报;

(5) 系统压力为 0.1MPa 左右时使用干粉炮车或灭火器进行灭火;

(6) 岗位人员按照撤离条件，向集合点撤离，到达集合点后就地执行警戒任务。

1.5.66　如何进行爆炸应急处置?

答：(1)启动 ESD-3 泄压关断，在 SCADA 系统确认各井地面安全阀和外输 ESDV 关闭，井口 BDV 和外输 BDV 打开;

(2) 通知中控室进行监控;

(3) 启动防空警报;

(4) 按照撤离条件，向集合点撤离，到达集合点后就地执行警戒任务。

1.5.67　如何进行井口装置失控确认?

答：(1)迅速正确佩戴正压式空气呼吸器和便携式硫化氢检测仪;

(2) 通过站场工业电视监控系统确认井口装置失控的井号及井口装置失控的程度;

(3) 紧急请求中控室人员进行现场监控。

1.5.68　如何进行井口装置失控应急处置?

答：(1)启动 ESD-3 泄压关断，关闭该井的井下安全阀，在 SCADA 系统确认该井地面安全阀、该井井下安全阀和外输 ESDV 关闭，该井井口 BDV 和外输 BDV 打开;

(2) 通知中控室请求监控;

（3）向站村应急管理员发送飞信，通知请勿靠近；

（4）启动防空警报；

（5）按照撤离条件，向集合点撤离，到达集合点后就地执行警戒任务。

1.5.69 如何进行计量分离器排液管线刺漏应急处置？

答：（1）在人机界面上选择停止计量；

（2）打开计量井进计量旁通 XV；

（3）关闭计量井进计量管线 XV；

（4）关闭计量分离器出口球阀；

（5）关闭计量分离器排液管线井外输球阀；

（6）打开计量分离器安全阀旁通放空。

1.5.70 如何进行高含硫化氢天然气着火处置？

答：（1）立即切断气源；

（2）若不能立即切断气源，则不允许熄灭正在燃烧的气体；

（3）喷水冷却容器，如果可能应将容器从火场移至空旷处；

（4）采用雾状水、泡沫灭火器和二氧化碳灭火器等。

1.5.71 人员硫化氢中毒急处置步骤是什么？

答：（1）做好个人防护：①了解 H_2S 气体来源，向远离方向逃生；②确定风向，逆风或侧风方向逃生；③确定进出路线，避开自身中毒。

（2）使用防爆对讲机向区调、中控室汇报：①受伤人数；②事故发生地点；③病人状况；④联络方式。

（3）评估中毒者及施救者周围是否有火灾、爆炸、道路交通等潜在危险，避免二次伤害。

（4）中毒者移至安全环境。

（5）对中毒者的现场救治：①判断有无意识；②判断有无脉搏，决定是否胸外心脏按压；③使用仰头抬颏法，打开气道；④判断有无呼吸，决定是否人工呼吸；⑤使用简易呼吸气囊、氧气瓶；⑥移交专业医护人员治疗。

1.5.72 如何进行电气火灾应急处置？

答：（1）迅速切断电源；

（2）使用干粉灭火器，二氧化碳灭火器或干燥沙子等灭火，严禁使用导电灭火剂（如、水、泡沫灭火器等）扑救；

（3）通知中控室进行监控；

（4）检查站场设备、设施受到影响情况。

1.5.73 如何进行加热炉区可燃气体泄漏应急处置？

答：（1）加热炉区可燃气体浓度报警达到 25%，立即请求中控室启动加热炉泄漏区单井

ESD-4 关断，在 SCADA 系统确认地面安全阀、加热炉是否关闭；

（2）关闭泄漏点上、下游阀阀门。

第6节 自动化控制

1.6.1 什么叫自动控制和自动化控制系统？

答：所谓自动控制，就是指在无人参与的情况下，利用控制装置操纵受控对象，使被控对象按给定值变化。自动化控制系统是以计算机为中心，配合各种传感器、仪表和执行机构等组成的系统。

1.6.2 自动化控制系统主要作用是什么？

答：可以减少岗位人员和实现部分岗位无人值守，大大减轻后勤保障等方面的负担。还可以预先发现事故隐患，及时加以消除和防治，确保安全生产，而且根据及时取得的各项参数和依靠计算机的分析功能，对生产系统及某些设备的运行进行调节，使其处于最佳运行状态，达到安全、低耗、高效、高产的目的。

1.6.3 集气站控制系统组成怎么样？

答：集气站场自动控制系统采用以计算机为核心的监控和数据采集（SCADA）系统，该系统在中控室对全气田进行监控，SCADA 系统分三大部分：过程控制系统（PCS）、安全仪表系统（SIS）以及中控室的中心数据处理系统。安全仪表系统还包括火气检测系统和紧急关断系统。

1.6.4 什么是 SCADA 系统？

答：SCADA（Supervisory Control And Data Acquisition）系统，即数据采集与监视控制系统，是以计算机为基础的生产过程控制与调度自动化系统，它可以对现场的运行设备进行监视和控制，以实现数据采集、设备控制、测量、参数调节以及各类信号报警等功能。

1.6.5 SCADA 系统在气田运行中主要功能有哪些？

答：主要是完成全管网、集气站场、集气总站、污水处理站以及线路截断阀室的数据采集监控和安全保护功能。

1.6.6 什么是人机界面？

答：人机界面由多个窗口组成，窗口包含图形和文字，文字和图形可动态变化，如文字可显示现场模拟量的大小，图形的颜色变化表示现场数字量的改变等，同时显示的窗口一般只有一个，窗口间可以互相连接、跳转，也可以设立菜单或专门的窗口负责窗口间的切换。

1.6.7 工艺设备流程图界面主要有哪些功能？

答：工艺设备流程图展现的是单个设备或管段的工艺流程运行情况，包括了"井口与加热炉""井口分离器""井口加热炉""甲醇加注""缓蚀剂加注""计量与外输""燃料气分配""火炬分液罐""酸液缓冲罐"及"××收发球筒区"等界面。

1.6.8 站场关断逻辑界面主要有哪些功能?

答:站场关断逻辑界面展现的是全气田或单个集气站 ESD 系统,在必要时候,工作人员可通过该界面触发相应级别的逻辑关断功能。该界面包括了 ESD-1、ESD-2、ESD-3、ESD-4 等四种级别关断,其中中控室人机界面上只有 ESD-1 级及 ESD-2 级关断界面,集气站人机界面上只有 ESD-3(保压关断)、ESD-3(泄压关断)、ESD-4 级关断界面。

1.6.9 火气检测界面主要有哪些功能?

答:(1)火气检测平面示意图能够直观反应各个火器在现场的确切安装位置以及现在工作检测状态,在发生泄漏、火灾等危险时,能够直观从画面中反映出来,给操作员判断故障原因,以及采取何种应对措施提供重要帮助;

(2)正常情况下,火器平面布置图反应数据均为现场实时数据,该数据如在生产工艺允许范围内,画面显示正常,显示为绿色,无报警提示及报警闪烁;

(3)在发生气体泄漏、火灾等情况下,相关数值超过设定的阈限值,对应探头报警,显示为红色,此时报警栏应闪烁报警,并且伴随声音报警,提示操作员注意;

(4)站场火气检测页面显示了各可燃气体探测器(GD)、感温探测器(HD)、状态指示灯(GAL)、有毒气体探测器(AT)、手动报警按钮(MAC)、火焰报警器(FD)、声光报警器(BL)的分布及相关检测值;

(5)该界面包括了站场火气监测界面、站控室火气监测界面、阀室火气监测界面以及隧道火气监测界面。

1.6.10 站场控制参数界面主要有哪些功能?

答:站场控制参数界面主要展示的是站场各个设备流程报警、关断设定参数,通过该界面可以对各个参数进行修改。

1.6.11 报警查询界面主要有哪些功能?

答:报警查询界面中包含了报警状态、报警时间(Date&Time)、报警地点(Location Tag)、信号来源(Source)、触发条件(Condition)、优先级别(Priority)、报警描述(Description)、设定值(TripValue)、当前值(Live Value)。

1.6.12 事件查询界面主要有哪些功能?

答:事件查询界面页面中包含了所有自控操作,其中包括事件时间(Date&Time)、事件发生地点(Location Tag)、信号来源(Source)、触发条件(Condition)、动作(Action)、优先级别(Priority)、事件描述(Description)、显示情况(Value)。

1.6.13 如何在人机界面进行页面切换?

答:鼠标左键单击当前页面下方各个页面快捷按钮,下图各标题就可进入相应的界面。

1.6.14　如何在人机界面进行操作权限的切换？

答：鼠标左键单击人机界面右下角的"Oper"，出现对话框，输入"mngr"打回车键确认或点对话框"Yes"确认后，输入不同的权限口令可执行相应的操作。

1.6.15　如何在人机界面进行操作权限抢夺？

答：各站的自控系统均受中控室和站控室两个地方的控制。当站控室需要进行某项远程操作时，必须先按照账号的登录步骤进入工程师操作环境，然后左键单击总图右上角的"权限抢夺"，再点击弹出对话框中的"Yes"或者回车，将"权限抢夺"按钮上面变为"站场控制"之后才能进行相关操作。

1.6.16　如何在人机界面进行阀门状态辨识？

答：(1)确认阀门当前处于状态(注：灰色状态项没有权限在界面上就不能进行以上操作)；

(2)在开关阀门时请注意阀门状态，不要在阀门没有开到位或关到位的时候进行开关阀操作，以免造成阀门逻辑错误而引起的器件损坏；

(3)阀门状态指示：绿色为全开、黄色为运行、红色为全关、蓝色为故障；

(4)如果是自动控制类型的阀，操作完成后，将手动打到自动状态，以便程序自动控制执行；

(5)设备的状态同阀门状态的指示一样：绿色为全开、红色为全关。

1.6.17　如何运用人机界面对设备进行操作？

答：(1)如果某阀门属于自控阀门，同时其不属于紧急关断阀或紧急放空阀，将能够在人机界面上对其进行远程开关阀控制。例如：在人机界面上对 LV 阀进行手动控制；

(2)在"Mngr"安全级别下单击 LV 阀，出现对话框，将对话框中 MD 设置为"手动"状态，然后在"OP"中可输入 LV 阀的开度值，之后两次回车就可改变井口分离器液位调节阀的开度；

(3)机泵的启停等工艺设备流程操作均可依照阀门开关操作进行。

1.6.18　如何在人机界面进行系统超驰、旁路、关断以及复位操作？

答：操作人机界面上"ESD 逻辑关断界面"可以对集气站、总站进行相应级别的关断以及复位处置，同时在该界面，能够对相关信号源进行超驰、旁路设置。

1.6.19　如何在人机界面进行信号超驰以及取消操作？

答：(1)将安全级别改为"Mngr"，将界面点至相应的界面；

(2)单击相应的信号源对应的"超驰禁止"按钮，在出现的对话框"是否允许超驰"点击"是"，然后再次点击回车键确认，"超驰禁止"按钮改变为红底的"超驰允许"按钮，如果需要取消超驰允许，则点击"超驰允许"按钮进行同样操作即可。

1.6.20　如何在人机界面进行信号旁路以及取消操作？

答：（1）将安全级别改为"Mngr"，将界面点至相应的界面；

（2）单击相应的信号源对应的"旁路禁止"按钮，在出现的对话框"是否允许旁路"点击"是"，然后再次点击回车键确认，"旁路禁止"按钮改变为红底的"旁路允许"按钮，"旁路允许"状态在计时器计时结束后将自动恢复至"旁路禁止"状态。

1.6.21　如何在人机界面进行 ESD-3 级关断以及复位操作？

答：（1）将安全级别改为"Mngr"，将界面点至相应的界面；

（2）点击"ESD3 停止"按钮，在出现对话框点击"是"，然后再次点击回车键确认，"ESD3 停止"按钮改变为红底的"ESD3 启动"按钮；

（3）需要对 ESD-3 级关断进行复位时，首先将相关信号源进行超驰，并将"ESD3 启动"按钮按照原方式改为"ESD3 停止"；

（4）点击左上角"ESD3 复位"按钮，在出现对话框点击"是"，然后再次点击回车键确认，观察"ESD3 复位"按钮是否改为绿底的"ESD3 复位成功"按钮，如按钮改变两秒后恢复为"ESD3 复位"，则说明人机界面复位成功。

1.6.22　如何在人机界面进行 ESD-2 级关断以及复位操作？

答：（1）将安全级别改为"Mngr"，将界面点至相应的界面；

（2）点击"ESD2 停止"按钮，在出现对话框点击"是"，然后再次点击回车键确认，"ESD2 停止"按钮改变为红底的"ESD2 启动"按钮；

（3）需要对 ESD-2 级关断进行复位时，首先将相关信号源进行超驰，观察将"ESD2 启动"按钮改为"ESD2 停止"按钮，然后在手操台上对其进行复位。

1.6.23　如何在人机界面进行 ESD-1 级关断以及复位操作？

答：（1）将安全级别改为"Mngr"，将界面点至相应的界面；

（2）点击"ESD1 停止"按钮，在出现对话框点击"是"，然后再次点击回车键确认，"ESD1 停止"按钮改变为红底的"ESD1 启动"按钮；

（3）需要对 ESD-1 级关断进行复位时，首先将相关信号源进行超驰，观察将"ESD1 启动"按钮改为"ESD1 停止"按钮，然后在手操台上对其进行复位。

1.6.24　什么是中控系统？

答：中控系统是自动控制系统的调度控制中心，在正常情况下操作人员在中控室通过计算机系统即可完成对全气田的监控和运行管理等任务。

1.6.25　什么是站控系统？

答：站控系统（SCS）由过程控制系统（PCS）和安全仪表系统（SIS）组成，同时设置服务器和操作站，供工作人员监控。PCS 负责对现场液位、压力、温度、流量等参数进行采集和监控，SIS 负责站场逻辑关断及火气设备监测。服务器负责对 PCS 和 SIS 数据进行采集及处理，操作站用于工作人员对现场 PCS 和 SIS 数据进行监控。

1.6.26　站控系统主要功能有哪些？

答：（1）对现场的工艺变量进行数据采集和处理；

（2）经通信接口与第三方的监控系统或智能设备交换信息；

（3）监控各种工艺设备的运行状态；

（4）对电力设备及其相关变数的监控；

（5）对阴极保护站的相关变量的检测；

（6）提供人机对话的窗口；

（7）显示各种工艺参数和其他有关参数；

（8）显示报警一览表；

（9）数据存储及处理；

（10）显示实时趋势曲线和历史曲线；

（11）运行特性曲线显示；

（12）生产过程的调节与控制；

（13）逻辑控制；

（14）安全联锁保护；

（15）打印报警和事件报告；

（16）打印生产报表；

（17）数据通信管理；

（18）为调度控制中心提供有关数据；

（19）接受并执行调度控制中心下达的命令等。

1.6.27　什么是阀室控制系统？

答：阀室控制系统（BSCS），管理着各阀室的每座线路截断阀。BSCS 由远程终端控制单元（RTU）和安全仪表系统（SIS）组成。RTU 负责对阀室内管线压力、阀门状态等参数进行采集和监控；SIS 负责监控阀室内火气设备，同时接收调度控制中心关断指令并关断阀门。

1.6.28　阀室控制系统主要功能有哪些？

答：（1）对现场的工艺变量进行数据采集和处理；

（2）监控线路紧急截断阀；

（3）供电系统的监控；

（4）采集和处理阴极保护系统的相关变数；

（5）数据存储及处理；

（6）逻辑控制；

（7）安全联锁控制；

（8）为调度控制中心提供有关数据；

（9）接受并执行中控系统下达的命令等。

1.6.29　什么是过程控制系统（PCS）?

答：过程控制系统（PCS）采用通用的 PLC 系统，负责站内的正常的生产工艺流程以及辅助流程的数据采集和控制，并接收中控室控制指令。

1.6.30　什么是安全仪表系统（SIS）?

答：安全仪表系统（SIS）包含火气监控系统（FGS）和紧急停车系统（ESD）两部分。出现异常事件后，连锁相关设备，并接收中控室安全仪表系统的指令。

1.6.31　什么是火气监控系统（FGS）?

答：火气监控系统（FGS）是对气体火灾和气体探测的安全管理系统。

1.6.32　什么是紧急停车系统（ESD）?

答：紧急停车系统（ESD）是一种安全保护系统，当生产装置出现紧急情况时，直接由 ESD 发出保护连锁信号，对现场设备进行安全保护。

1.6.33　PLC 的基本结构主要包括什么?

答：中央处理单元、存储器、电源、输入设备、输出设备。

1.6.34　中心控制室控制系统由三套子系统组成，分别是什么?

答：SCADA 数据服务器系统、安全仪表系统以及管线泄漏监测系统。

1.6.35　超驰控制是指什么?

答：当自动控制系统接到事故报警、偏差越限、故障等异常信号时，超驰逻辑将根据事故发生的原因立即执行自动切手动，将系统转换到预设定好的安全状态。

1.6.36　什么是手操台?

答：手操作台为手支操作平台，手操台作为站控、中控系统重要组成部分，手操台上各个手柄以及按钮通过硬接线与 SIS 系统相连接，当操作站对 SIS 系统控制失效时，可以启用手操台控制 SIS 系统。

1.6.37　手操台有哪些主要功能?

答：手操台主要功能有 ESD-1 级关断及复位；ESD-2 级关断及复位；井下安全阀紧急关闭；各井井口 BDV 的手动放空；"超驰允许""旁路允许"总锁定开关等。手操台上各个手柄以及按钮可以启动或复位相应级别的关断，状态灯则对应相应级别的关断信号是否触发或复位。

1.6.38 ESD-1级报警灯有哪几种显示方式?

答:指示站控 ESD-1 级关断状态灯具有熄灭、闪烁及常亮三种显示方式;

(1)熄灭:现场情况一切正常;

(2)闪烁:当现场工况条件需要触发 ESD-1 情况下,ESD-1 灯闪烁,提示需要启动 ESD-1;

(3)常亮:PKS 上位机直接触发或手动直接拔起触发 ESD-1 启动按钮,ESD-1 级报警灯常亮。

1.6.39 站场 ESD-1 级报警灯关断触发条件有哪几种?

答:(1)调度控制中心 ESD-1 级关断;

(2)站场大门手动 ESD-1 级按钮;

(3)紧急出口门手动 ESD-1 级按钮;

(4)站控 ESD 手操台 ESD-1 级按钮;

(5)阀组区火焰同时报警(闪烁),人工确认非误报后,触发 ESD-3 紧急关断(泄压关断)。

1.6.40 如何操作 ESD-1 级确认按钮?

答:在接收到现场工况条件需要触发 ESD-1 情况下(ESD-1 级报警灯闪烁),确认报警并非误报后,拔起 ESD-1 级确认按钮。ESD-1 级确认按钮为规范操作流程按钮,即是否对此按钮进行操作,均不影响直接触发 ESD 紧急关断。在现场工况条件需要触发 ESD-1 级关断情况下,需人为确认是否为误报,确认非误报情况下,拔起 ESD-1 级确认按钮,然后触发 ESD-1 级紧急关断。正常操作时不允许跳过此确认过程,直接触发 ESD-1 级紧急关断,以免给生产带来不必要的损失。

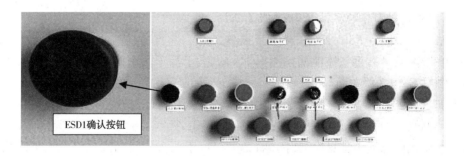

1.6.41 如何操作 ESD-1 级启动按钮?

答:现场工况条件需要触发 ESD-1 级关断情况下,需人为确认是否为误报,确认并非误报情况下,拔起按钮启动 ESD-1 级紧急关断。

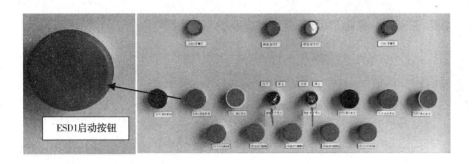

1.6.42 如何操作 ESD-1 级复位按钮?

答：在 ESD-1 级关断启动后，等到现场设备具备恢复正常生产工艺条件时，按下 ESD-1 级启动按钮，进行复位操作，再按下 ESD-1 级复位按钮，复位操作完成。如果 ESD-1 级报警灯熄灭，则可以恢复正常工艺流程。如果 ESD-1 级报警灯继续常亮，则复位操作失败，现场仍然有触发 ESD-1 级关断的条件成立。如果 ESD-1 级报警灯闪烁，则复位操作成功，但现场仍然有报警提示需要触发 ESD-1 级关断，需要人为确认是否为误报。确认并非误报情况下，拔起按钮启动 ESD-1 级紧急关断；确认为误报情况下，应及时采取措施解决误报。

1.6.43 ESD-2 级报警灯有哪几种显示方式?

答：ESD-2 级关断报警灯与其他报警灯一样，包括了熄灭、闪烁及常亮三种显示方式：

(1) 熄灭：现场情况一切正常；

(2) 闪烁：在现场工况条件需要触发 ESD-2 情况下，ESD-2 灯闪烁，提示需要启动 ESD-2；

(3) 常亮：PKS 上位机直接触发或手动直接拔起触发 ESD-2 启动按钮，ESD-2 级报警灯常亮。

1.6.44 站场 ESD-2 级报警灯关断触发条件有哪些?

答：(1) 调度控制中心触发 ESD-2 级关断；

(2) 站控室手操台 ESD-2 级关断按钮拔起；

(3) 井口区 H_2S 有毒气体泄漏检测(闪烁)，大于等于两个同时高高报警，人工确认非误报后，触发 ESD-2 级关断(常亮)；

(4) 加热炉区 H_2S 有毒气体泄漏检测(闪烁)，大于等于三个同时高高报警，人工确认非误报后，触发 ESD-2 级关断(常亮)；

(5) 井口区可燃气体泄漏检测(闪烁)，大于等于两个同时高高报警，人工确认非误报后，触发 ESD-2 级关断(常亮)；

(6) 加热炉区燃气体泄漏检测(闪烁)，大于等于两个同时高高报警，人工确认非误报后，触发 ESD-2 级关断(常亮)；

(7) 计量分离器、燃料气橇、火炬分液罐可燃气体和有毒气体 H_2S 泄漏检测(闪烁)，大于等于三个同时高高报警，人工确认非误报后，触发 ESD-2 级关断(常亮)；

(8) 出站压力高高低低报警，人工确认非误报后(闪烁)，触发 ESD-2 级关断(常亮)。

1.6.45　如何操作 ESD-2 级确认按钮？

答：在现场工况条件需要触发 ESD-2 情况下（ESD-2 级报警灯闪烁），确认报警并非误报后，拔起 ESD-2 级确认按钮。

ESD-2 级确认按钮为规范操作流程按钮，即是否对此按钮进行操作，均不影响直接触发 ESD 紧急关断。在现场工况条件需要触发 ESD-2 级关断情况下，需人为确认是否为误报，确认并非误报情况下，拔起 ESD-2 级确认按钮，然后在触发 ESD-2 级紧急关断。正常操作时不允许跳过此确认过程，直接触发 ESD-2 级紧急关断，以免给生产带来不必要的损失。

1.6.46　如何操作 ESD-2 级启动按钮？

答：在现场工况条件需要触发 ESD-2 级关断情况下，需人为确认是否为误报，确认并非误报情况下，拔起按钮启动 ESD-2 级紧急关断，关闭现场相应设备。

1.6.47　如何操作 ESD-2 级复位按钮？

答：在 ESD-2 级关断启动后，等到现场设备具备恢复正常生产的工艺条件时，按下 ESD-2 级启动按钮，进行复位操作，操作完成后再按下 ESD-2 级复位按钮，复位操作完成。如果 ESD-2 级报警灯熄灭，则可以恢复正常工艺流程。如果 ESD-2 级报警灯继续常亮，则复位操作失败，现场仍然有触发 ESD-2 级关断的条件成立。如果 ESD-2 级报警灯闪烁，则复位操作成功，但现场仍然有报警提示需要触发 ESD-2 级关断，需要人为确认是否为误报。确认并非误报情况下，拔起按钮启动 ESD-2 级紧急关断；确认为误报情况下，应及时采取措施解决误报。

1.6.48　如何操作超驰允许开关？

答：工艺需要对某个设备进行超驰时，旋转按钮，允许超驰。超驰允许开关设为允许状态下，ESD 超驰指示灯亮，否则 ESD 超驰指示熄灭。

1.6.49　如何操作旁路允许开关？

答：工艺需要对某个设备进行旁路时，旋转按钮，允许旁路。旁路允许开关设为允许状态下，ESD 旁路指示灯亮，否则 ESD 旁路指示灯熄灭。

1.6.50　如何操作井下安全阀（SCSSV）关断手柄？

答：需要远程关闭井下安全阀时，可将该手柄拉出，关断井下安全阀。正常情况下，手操台状态指示灯全部熄灭，说明全线工艺生产正常，运行平稳。此时不需要触发 ESD 紧急关断。

1.6.51　状态指示灯出现闪烁报警如何操作？

答：当状态指示灯出现闪烁报警提示时，说明相应管线发出 ESD 紧急关断报警。需要人工确认此报警是否为误报。如为误报，进入误报应急程序。如报警真实存在，拔起与其对应的确认按钮，人工确认后，触发 ESD 紧急关断。确认按钮为规范操作流程按钮，即是否对此按钮进行操作，均不影响直接触发 ESD 紧急关断。在现场工况条件需要触发 ESD 级关断情况下，需人为确认是否为误报，确认并非误报情况下，拔起 ESD 确认按钮，然后在触发 ESD 级紧急关断，正常操作时不允许跳过此确认过程，直接触发 ESD 级紧急关断，以免给生产带来不必要的损失。

1.6.52 状态指示灯出现常亮报警如何操作？

答：状态指示灯出现常亮报警提示时，说明相应管线已经启动 ESD 紧急关断，关断相应阀门，这时应进入故障排除、工艺流程恢复程序。故障排除后，点击上位机复位按钮，恢复到正常工艺流程。

1.6.53 如何进行超驰允许操作？

答：需要对该设备进行超驰控制的，先将超驰允许开关旋转置超驰位置，通过操作画面选择需要超驰允许设备，将此设备设置为超驰允许状态，在超驰允许输出后选择完成，设备超驰允许操作完成。

1.6.54 如何运用旁路功能？

答：通过上位机 PKS 操作画面将此设备设置为旁路允许状态，设备旁路允许操作完成，旁路功能启用，旁路功能计时器启动。设置旁路允许时间内，旁路设备不参与 ESD 逻辑，超过旁路允许时间后，旁路设备自动恢复参与 ESD 逻辑。

1.6.55 什么是自动化仪表的变送器，采气工艺中主要的变送器有哪些种类？

答：变送器就是能将被测的某物理量按照一定的规律转换成另一种已知并能被检测的标准化物理量的转换装置。采气工艺中主要有压力变送器、温度变送器、液位变送器等。

1.6.56 简述站场控制系统对加热炉橇块的监控情况和其自动控制情况是怎样的？

答：(1)一级节流阀(流量控制阀)的开度根据二级加热后的流量自动调节；

(2)二级节流阀(压力调节阀)的开度根据一级节流后的压力自动调节；

(3)温度控制：温度调节阀(TCV)的开度根据二级节流后的温度、二级加热后的温度及橇内的水的温度自动调节；

(4)加热炉的运行状态、熄火报警、水浴温度、燃烧器状态、水位检测均在 BMS-2000(就地控制盘)系统中显示并远传至站控室；

(5)加热炉燃料气入口压力、流量采用旋进漩涡流量计计量，ESDV 阀状态检测远传至站控室；

(6)当火焰探测器没有检测到火焰时，立刻启动电子打火，同时把状态信号远传给站控室；当连续打火不成功时，便启动 ESD 燃料气关断。燃料气进口流量，温控阀开度与水浴温度相关联；

(7)加热炉进口温度、压力、二级节流后温度、压力分别采用一体化温度变送器、智能压力变送器远传至站控室，加热炉一级加热出口温度通过一体化温度变送器远传，二级加热出口流量采用高级孔板阀计量通过变送器远传，二级加热出口温度采用一体化温度变送器远传至站控室。

1.6.57 集气干线紧急关闭系统应具备哪些条件？

答：（1）集气干线紧急关闭系统配套阀门动作（开或关）的能量储备（如气体储能罐）；

（2）准确的事故感测系统，包括地震感测和管道断裂感测。地震感测装置按地震的加速度和振幅限度发出阀门动作信号，管道无论是破裂还是断裂均可以因出现压力或流量的异常而发出信号，多采用感测管道中气体压降速率的气动装置；

（3）有一套能完成阀门关闭程序的控制系统。

1.6.58 集气干线紧急关闭系统具有哪些作用方式？

答：（1）由线路上的事故感测系统把信号送到中央控制室，再由中央控制遥控阀门关闭；

（2）由附带在阀门上的事故感测系统就地控制阀门关闭。

一般所说的紧急关闭系统多指第二种方式。

1.6.59 气动薄膜调节阀具有哪些优点？

答：（1）以压缩空气为能源；

（2）具有调节性能好、结构简单、动作可靠、维护方便、防火防爆和价廉等优点。

1.6.60 气动薄膜调节阀调节机构的动作过程是什么？

答：气动薄膜调节阀调节机构阀杆上端通过螺母与执行机构的推杆相连接，在信号压力作用下，执行机构带动阀芯在阀体内移动，改变了阀芯与阀座间的流通面积，从而改变了流经调节阀的流量，达到控制工艺变量的目的。

1.6.61 气动薄膜调节阀的动作过程？

答：来自调节器或阀门定位器的信号压力通入薄膜气室后，在波纹膜片上产生推力，通过托板压缩弹簧，使推杆下移，直至与弹簧产生的反作用力相平衡为止，推杆也即阀杆下移的距离与信号压力成比例。当信号压力增大时，阀杆下移，调节阀关小；反之则开大。

1.6.62 阀门定位器的作用是什么？

答：（1）改善调节阀的定位精度，克服阀杆的摩擦力和消除不平衡力的影响；

（2）改善阀的动态特性；

（3）更换个别元件，可改变调节阀气开、气关的形式，实现分程控制。

1.6.63 一个单回路控制系统由哪几部分组成？

答：由四个基本环节组成，即被控对象、测量变送装置、调节器和执行机构。

1.6.64　液位单回路调节系统现场设备的组成有哪些？

答： 该控制系统包括一个液位变送器（通过法兰连接安装在液体容器上，用于测量液体容器的液位）；一个气动执行机构（安装在液位调节阀上，用于调节液位调节阀的开度）。

1.6.65　液位控制的过程？

答： 该系统包括 1 个回路，1 个给定值。首先操作员设定液位给定，将液位给定值与现场实际的液位相比较，若现场实际的液位高于液位给定值，系统自动将液位调节阀打开一些，液体容器的液位会逐渐下降；若现场实际的液位低于液位给定值，系统自动将液位调节阀关闭一些，液体容器的液位会逐渐上升。回路不断通过液位给定值与现场实际的液位相比较，不断地小幅度地调整液位调节阀阀门的开度，直至现场实际的液位与液位给定值相等。

第7节　辅助系统

1.7.1　站场工业电视监视系统主要作用有哪些？

答： 主要用于对工艺站场内工艺设备、控制仪表、火炬头和室内重要岗位等的生产情况的监视，以及预防意外闯入和及时发现险情给予报警及火灾确认等。

1.7.2　普光气田工业电视系统功能有哪些？

答： 采用网络数字化监控模式，实现两级监控，工艺站场站控室监控设备实现本地级显示、存储和控制，同时实现在中控室监控中心的远程监控和中心存储，以及具备将监控信号上传至更上一级监控中心的能力。

1.7.3　如何进入系统菜单？

答： 正常开机后，按 ENTER 确认键（或单击鼠标左键）弹出【登录】对话框，在输入框中输入用户名和密码，仅有就地监视、回放、备份权限等权限。每 30min 只能试密码 5 次，否则账户锁定。

1.7.4　如何进行预览？

答： 在正常情况下，CCTV 检测视频画面都处于预览界面，在预览界面，界面左边是通道名称，右边是各个监控画面，左下角是调节按钮，下方是事件描述。通过预览界面可以观看到集气站场主要设备主要岗位的工作状态。

1.7.5　如何进行工业电视监视系统画面回放？

答： 当我们需要观看历史记录的时候，就需要用到回放功能。其具体操作如下：在界面上点击回放，选择需要观看的通道，然后点击日历图标选择回放的日期，点击下方搜索按钮，会显示录像的记录（蓝色填充的表示当天有录像，空框表示当天没有录像）文件列表并自动更新成该天的文件列表，最后在右边播放框下面点击播放。

1.7.6 如何进行画面调节？

答：画面调节按钮位于监控画面的左下角，画面调节有位置调节、色彩调节、灯光和雨刷。

（1）位置调节：位置调节可以通过摄像头转动和聚焦来达到调节监控位置的目的，调节镜头的方向，拉近画面或拉远画面；

（2）色彩调节：调节按钮在屏幕的左下方，可以进行图像的色调、亮度、对比度、饱和度、增益的设置；

（3）雨刷功能：在雨天时，站场内摄像头镜头表面可能会有小雨滴而造成摄像画面模糊不清，这就需要使用雨刷这个功能，先选中需要刷的镜头，点击左下角【雨刷】图标，对应画面上就会出现一个刷子左右摆动，此时按钮上的雨刷图标也会左右摆动，将水滴刷掉后再次点击【雨刷】图标，镜头前的小刷子就会停止摆动并隐藏起来。

1.7.7 站场广播对讲系统作用有哪些？

答：站场广播对讲系统主要用于保障各集气站场日常生产，以及发生紧急情况时报警并指挥人员疏散，还用于与自控的火灾、气体报警等系统进行连接，实现报警联动。

1.7.8 如何进行话站对讲操作？

答：（1）按下对应话站的号码，建立双方通信；

（2）按下面板上的"X"结束通话；

（3）在通话时，按下面板上的"↑↓"键，可以调节话站扬声器的音量，按下回车键对该音量进行确认；

（4）直接按下"4T0"则会显示本机号码，同时屏蔽紧急广播功能，再按下"4T1"恢复紧急广播功能。

第2章　采气设备与设施

第1节　分酸分离器橇块

2.1.1　什么是分酸分离器？

答：分酸分离器是将气井生产天然气中的游离水进行重力分离的站场临时设备，经过节流的混合气以及吹扫天然气从分离器侧上部进入，将天然气和酸液分离后，天然气从分离器顶部流出然后进入加热炉，酸液达到规定液位时就从侧下部放出，然后流进酸液缓冲罐。分离器底部设有一个冲沙口和一个排污，可对分酸分离器进行清洗和排污。

2.1.2　分酸分离器的组成结构？

答：分酸分离器主要有防冲板、捕集器、筒体、天然气进出口管线、排污管线、底座组成。

2.1.3　防冲板的作用是什么？

答：防冲板是焊在器壁上的一块金属，防止气体中的固体颗粒直接冲刺到器壁上。

2.1.4　捕集器的作用是什么？

答：用来捕集未能沉降至分离器底部的雾状液滴。

2.1.5　如何对分酸分离器进行检测控制？

答：(1)一个控制回路，即通过液相管线上的调节阀(LV)来控制分离器的液相处于稳定状态；

(2)一个紧急关断回路，即分离器液位超低时紧急关闭液相管线上的关断阀(ESDV)；

(3)检测变量：①温度、压力、液位；②阀门的阀位反馈(调节阀和紧急关断阀)。

2.1.6　分酸分离器投运中压力液位控制是多少？

答：液位范围为27.5%~65%；压力范围为11~19MPa。

2.1.7　如何停运分酸分离器？

答：(1)通过站控室人机界面把分酸分离器液位的控制回路打到超驰状态，打开旁通排液阀 FF-P5，排净容器内的积液；

（2）缓慢打开手动放空球阀进行放空，直至罐内压力为"0"；

（3）打开入口管线上的燃料气阀门对管线及设备进行吹扫，5min 后通过酸气入口压力表的双阀组放空阀检查容器内硫化氢浓度低于 20ppm 时关闭吹扫阀门；

（4）待容器内燃料气压力为零时关闭手动放空球阀。

2.1.8 分酸分离器运行过程中应注意些什么？

答：如果分酸分离器液位上升较快，液位调节阀排液不畅时，应用手动排污阀控制罐内液位在 27.5%。

2.1.9 分酸分离器排污前应检查哪些内容？

答：（1）确认分酸分离器液位高于 60%；

（2）确认分酸分离器 ESDV 前、后手动球阀处于打开状态；

（3）确认液位调节阀处于合适的开度；

（4）确认人机界面上相应分酸分离器的 ESD-3 级关断状态为启动；

（5）确认分酸分离器逻辑未处于超驰状态。

2.1.10 在站控室如何对分酸分离器排污操作？

答：（1）在人机界面上进行 ESD-3 级复位，使 ESD 阀处于打开状态；

（2）观察液位下降情况和火炬火焰大小；

（3）当液位低于 25%时，观察 ESDV 阀自动关闭；

（4）记录排污情况。

2.1.11 分酸分离器手动排污操作步骤是什么？

答：（1）在人机界面对液位进行超驰，关闭 ESD 阀；

（2）现场手动打开 ESD 旁通手动球阀，注意观察火炬火焰颜色和气流声响变化情况；

（3）若火炬火焰突蓝或有气流声音通过时关闭手动放空；

（4）记录排污情况。

2.1.12 分酸分离器排污中注意些什么？

答：（1）操作时必须穿戴防护器具，且有人监护；

（2）手动排污操作要缓慢，并结合火炬火势变化情况、气流声音和酸液缓冲罐压力变化情况，保持酸液缓冲罐不压力超过 0.8MPa。

2.1.13 分酸分离器日常维护、保养有哪些内容？

答：检查设备运行是否正常；检查排液管线是否有堵塞现象；检查各连接部位是否松动或泄漏；检查腐蚀挂片是否损坏；检查分离器罐体液位计、温度表、压力表是否处于正常工作状态；通过 SCADA 系统对仪表、ESDV、液位调节阀进行实时控制。

2.1.14 如何进行设备维护保养？

答：（1）每日目视检查容器的所有部件及保温层完好无损，精心维护、严格执行巡回检查制度，发现问题及时处理，保证设备的安全运行；

（2）掌握设备故障的预防、判断和紧急处理措施，保持安全防护装置完整好用，并做好记录；

（3）对于日常的仪器仪表维护，应经常检查其是否处于完好状态，巡检过程中认真记录仪表的指示值，与 SCADA 系统对照，确保仪表指示正确无误；

（4）定期对容器内部进行检查，检查其有无侵蚀现象，内部防腐层有无损坏，容器内是否被腐蚀，有无固体沉积等。对容器内部进行检查时，卸掉的所有内部部件必须再正确安装，所有内部的螺栓连接都要使用双螺帽或有耳垫圈。

第 2 节　加热炉橇块

2.2.1 现场广泛采用的天然气加热方法有哪些？

答：现场广泛采用的天然气加热方法有蒸气加热法、加热炉加热法、电拌热加热法。

2.2.2 试述加热炉加热原理是什么？

答：如图 2-1 所示，加热炉加热原理为水浴间接加热，通过燃料气在火管中的燃烧，使火管升温，火管再传递热量到外部罐内的软化水，软化水通过对浸没其中的盘管的加热，最后加热盘管内天然气，从而提高了气流温度。

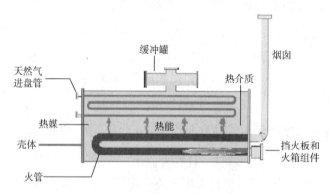

图 2-1　加热炉工作原理图

2.2.3 加热炉橇块特点有哪些？

答：加热炉橇块主要将井口采出的高压天然气节流、加热并初步计量，具有两级节流、两级加热及自动调节流量、压力、温度的特点。

2.2.4　加热炉报警点的设置主要有哪些？

答：(1)水浴液位低报警；
(2)水浴液位低低报警关断；
(3)水浴温度高报警；
(4)工艺气温度低低报警关断；
(5)火焰故障报警；
(6)燃烧器复位启动。

2.2.5　加热炉远传主要信息有哪些？

答：(1)加热炉运行状态；
(2)火焰故障报警信号；
(3)加热炉水浴温度；
(4)水浴压力；
(5)水位低报警信号；
(6)进口压力、温度；
(7)出口压力、温度。

2.2.6　如何进行加热炉节流阀的远程操作？

答：(1)确认现场执行机构置于远程操作位置；
(2)单击二级节流阀图标，将 MD 设为手动状态，在"OP"中输入开度值；
(3)回车两次后观察节流阀阀位反馈是否和输入开度一致。

2.2.7　加热炉燃烧效果不好是由什么原因造成的？

答：加热炉风门挡板未调节到位，炉头喷嘴处缺氧，炉头设计存在问题，加热炉烟道有堵等原因都会造成加热炉燃烧效果不好。

2.2.8　加热炉关断的主要原因有哪些？

答：(1)加热炉筒体压力超出 72.14kPa；
(2)水箱压力变化频率超过 3kPa/s；
(3)加热炉水箱内水液位到达或超过 95%；
(4)水箱液位低于 45%；
(5)水箱温度达到或超过 115℃；
(6)一级盘管压力达到关断点；
(7)二级盘管压力达到关断点。

2.2.9　加热炉操作盘(图 2-2)各按钮作用是什么？

答：(1)按钮 1：绿色指示灯，燃烧器开始启动时，该灯发亮；
(2)按钮 2：红色指示灯，加热炉停止时，该灯发亮；

（3）按钮3、4：燃烧器开启和停止按钮，燃烧器开启按钮用来开启 BMS 和启动燃烧器点火程序。燃烧器停止按钮将立即关闭 BMS，切断燃烧器的燃料气供应；

（4）按钮5：燃烧器重置按钮，操作员在报警和停车情况发生以后操作此按钮，按下重置按钮，重置先前的报警和关闭信息，并确认所有已发生报警的情况已经消除，建议在重置时从控制面板的显示屏上观察重置的信息，从显示屏可以读取当前加热炉状态信息，以及关断和报警的反馈信息；

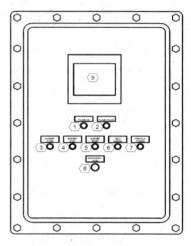

图 2-2　加热炉操作盘

（5）按钮6、7：上一屏幕和下一屏幕按钮，按下此按钮可以滚动到下一屏幕或上一屏幕，读取到一屏幕或上一屏幕的相关信息，同时按下这两个按钮将返回主屏幕；

（6）按钮8：ESD 紧急关断按钮，按下此按钮将会导致紧急关断(加热炉)，将(加热炉)工艺转为安全状态。一、二级截流阀将关闭，BMS 将立即切断燃烧器的燃料气。

2.2.10　如何从控制面板查找 ESD 关断信息？

答：（1）ZSO210-燃烧器燃料气管线上的紧急关断阀，在 BMS 关闭后 10s 内仍显示为开启状态的情况下，如果该紧急关断发生，操作人员应紧急关闭燃烧器管线上的手动球阀，确认紧急关断阀门是否已关闭。如果 ESDV 阀门已经关闭，操作人员应检查 ESDV 阀开关位置，如果阀门没有关闭，可能是阀门执行机构或者阀门故障；

（2）HS210-控制面板前的 ESD 按钮已按下，控制面板的 ESD 按钮为一个锁定按钮，在加热炉重置前必须拔出；

（3）PAHH205-加热炉筒体压力超出 72.14kPa，该紧急关断最有可能在初次开启加热炉时发生。当加热炉筒体温度达到水沸腾温度时，筒体压力的蒸汽压力可能超过 72.14kPa。倘若该情况发生，操作员应该打开膨胀罐上的放空阀放空，然后再重置加热炉。该紧急关断，可以防止加热炉筒体由于一、二级盘管的潜在泄漏造成的超压。当遇到该紧急关断报警时应该严肃对待，谨慎处理；

（4）PDAHH205-水箱压力变化频率超过 3kPa/s 时，很有可能发生工艺高含硫化氢天然气进入筒体的潜在危险。该紧急关断，可以防止加热炉筒体由于一、二级盘管的潜在泄漏造成的超压。当遇到该紧急关断报警时应该严肃对待，谨慎处理；

（5）XX210-站控室的遥控紧急关断将会在主显示屏上 XX210 和 HS210 显示为红色。在重启加热炉前，应该先在站控室重置，并在现场重置加热炉。

2.2.11　如何从控制面板上查找 BMS 报警信息？

答：（1）LAHH200-加热炉水箱内水液位到达或超过 95%，操作人员应该将水箱内的水放到缓冲罐玻璃液位计的底部。可以通过水箱底部的排污阀放空，然后重置并启动加热炉；

（2）LALL200-水箱液位低于 45%，操作人员应在系统重置启动前，给水箱加软化水；

（3）TAHH211-水箱温度达到或超过115℃，该紧急关断发生时，操作人员应该监测水箱温度，直到加热炉可以重置并启动前，水箱温度应低于115℃；

（4）将HS213-燃烧器停止按钮按下，该关断一般是在操作人员在可控制的情况下进行的，加热炉从故障排除的角度来说可以相对容易重置并启动；

（5）UA210-如果是红色的，燃烧器关闭；绿色，说明燃烧器开启，没有复位清除状态。当系统重置并且按下开启按钮时，UA210应该从红色变为绿色。如果在没有任何紧急关断，并且加热炉状态没有任何变化的情况下，加热炉不能启动，则操作人员应该按住停止按钮1s，然后按住重置按钮1s，然后按启动按钮。

2.2.12　如何从控制面板上查找PSD报警信息？

答：（1）PAHH200-一级盘管压力达到关断点时，1000kW加热炉紧急停车关断设置点为19MPa，800kW加热炉紧急关断设置点为21MPa。当该紧急关断发生时，操作人员应该查看FCV和PCV的操作设置点，以确认阀门没有超过设计操作范围；

（2）PAHH202-二级盘管压力达到关断点，1000kW加热炉紧急停车关断设置点为10.5MPa，800kW加热炉紧急关断设置点为10.5MPa。当该紧急关断发生时，操作人员应该查看FCV和PCV的操作设置点，以确认阀门没有超过设计操作范围。

2.2.13　如何对加热炉报警进行消除？

答：控制面板显示加热炉最近的报警或紧急关断的信息，如果报警已清除，按下重置按钮以清除报警信息。

2.2.14　如何查看控制面板上报警记录？

答：BMS在开启时发生故障，应参考该部分显示信息进行故障排除。

（1）Burner-燃烧器：说明燃烧器是开启、工作、或停止状态；

（2）High Press-高高报警-正常或报警-主燃烧器上的燃料气高高报警；

（3）Low Press-低低报警-正常或报警-主燃烧器上的燃料气低低报警；

（4）Closure-停止-停止或开启-燃烧器ESDV阀状态；

（5）STATE-状态-说明BMS在开启时的状态；

（6）TC millivolts-长明灯热电偶电压(mV)，从K型热电偶读取；

（7）PRE PURGE TM-预吹扫时间-点火之前预吹扫倒计时；

（8）COMM STAT-Good or Bad-通信状态-好或者坏-显示PLC和BMS之间通信状态；

（9）LATEST-最近的报警信息-如果BMS启动失败且控制面板前面的(红色)指示灯亮，最近的BMS(启动)失败报警信息将在这里显示；

（10）PREVIOUS-先前的报警信息-BMS先前的(启动)失败报警。

2.2.15　投运加热炉前应检查哪些内容？

答：（1）检查确认加热炉控制柜及节流阀供电正常；

（2）检查确认加热炉控制面板参数除UA210之外无报警信号；

（3）检查确认加热炉炉体内软化水液位在45%~85%之间；

（4）检查确认压力表及压力变送器隔断阀打开、放空阀关闭，站控系统压力、温度、液位及阀位状态与现场相符；

（5）检查确认加热炉高级孔板阀计量系统处于投用状态；

（6）检查确认仪表风进加热炉 ESDV 的压力稳定在 550kPa 左右；

（7）检查确认燃料气进气压力在 100~120kPa 之间，长明灯供气压力稳定在 40~50kPa 之间。

2.2.16 投运加热炉操作步骤是什么？

答：（1）按下加热炉控制面板停止键，再按下复位键，最后按下启动键，控制面板上绿灯亮，开始自动点火；

（2）加热炉软化水温度达到 65℃ 左右，打开缓冲罐手动排气阀平衡压力，然后关闭手动排气阀。

2.2.17 停运加热炉操作步骤是什么？

答：确认停运指令后，在 BMS 控制柜上按下停止键，燃烧器停止工作。

2.2.18 投运加热炉操作中应注意些什么？

答：在点火过程中，若在加热炉就地控制柜上运行灯变红，表示点火失败，需维护人员检修后再启动。

2.2.19 加热炉软化水加注操作前应检查哪些内容？

答：（1）检查确认液位计及液位变送器示值准确，且液位低于 45%；

（2）检查确认加热炉罐底排液阀关闭；

（3）检查确认水泵连接完好。

2.2.20 加热炉软化水加注操作步骤是什么？

答：（1）打开加热炉缓冲罐顶部软化水加注口，打开手动排气阀；

（2）罐车停到指定位置，并且连接抽水泵和加注管线；

（3）启动加注泵，将软化水泵入加热炉罐体内；

（4）观察液位计，当液位达到 75% 时即可关闭水泵，并将注水管线取下；

（5）关闭软化水加注口和手动排气阀；

（6）收拾设备及工具，指挥软化水罐车开离现场；

（7）做好记录。

2.2.21 加热炉软化水加注操作中应注意些什么？

答：（1）操作时必须穿戴防护器具，且有人监护；

（2）打开阀门时需缓慢操作，防止液体喷溅；

（3）禁止加热炉水浴温度在 60℃ 以上时加注软化水。

2.2.22　加热炉日常维护、保养有哪些内容？

答：(1)检查各设备是否运行正常；

(2)检查加热炉缓冲罐液位；

(3)监控各系统的压力、温度、流量是否正常；

(4)监控各连接部位是否松动或泄漏；

(5)检查主燃烧器和长明灯的火焰情况。

2.2.23　如何进行加热炉维护保养？

答：(1)加热炉身在使用过程中，应定期检查和清扫，外壳不得堆积尘土和杂物，不得用水龙头直接清洗；

(2)定期检查运行中的安全阀是否存在内漏，每年将安全阀拆下进行全面清洗送检一次，检验合格后方可重新使用。使用中若安全阀发生起跳，必须送检合格后方可重新使用。当环境温度低于0℃时，还应采取必要的防冻措施以保证安全阀动作的可靠性；

(3)定期清除加热盘管的锈蚀和结垢，防止加热过程有过热的情形产生，影响盘管寿命；

(4)定期检查节流阀连接螺栓有无松动，密封面有无毛刺和锈蚀产生，各连接部件有无发渗漏。

2.2.24　如何投用加热炉仪表风调压阀？

答：(1)检查导通调压阀流程；

(2)松锁紧螺母，启动加热炉；

(3)调节调压阀压力到设定值；

(4)拧紧锁紧螺母。

第3节　计量分离器橇块

2.3.1　分离器按作用原理划分，主要有哪几种类型？

答：主要有重力式、旋风式、混合式分离器等三种。

2.3.2　重力式分离器的工作原理是什么？

答：天然气由进口管进入分离器筒体内，由于筒体横截面积远大于进口管横截面积，体积膨胀，流速降低。由于天然气和水、固体杂质密度不同，造成液滴和固体杂质的沉降速度大于气流的上升速度，液、固体杂质沉降到分离器底部，气从分离器顶部的出气管输走，从而实现气、液和固体杂质的分离。

2.3.3　选择重力式分离器的立式和卧式的原则是什么？

答：(1)液量较少，要求液体在分离器内的停留时间较短，宜采用立式重力分离器；

(2) 液量较多，要求液体在分离器内的停留时间较长，宜采用卧式重力分离器；

(3) 气、油、水同时存在，并需进行分离时，应采用三相卧式分离器。

2.3.4　在集输系统中，常使用重力式分离器，其原因何在？

答：重力式分离器对气体流量变化有较大的适应性，特别是当气井降低产量后分离效率更高；在气井的气质和产量发生变化的过程中均能较好地适应要求。

2.3.5　为什么在气田的单井或多井集气站中很少用旋风式分离器？

答：因为旋风式分离器由于对气流速度要求在特定范围内才能保证较高的分离效率，而气井的产气量和产液量均属多变，很难长期保持在分离器的最佳进口速度，故很难实现高效分离。

2.3.6　立式重力分离器和卧式重力分离器的分离原理有何差异？

答：立式重力分离器是一种复合式的重力分离器，分离液滴的原理是利用离心力和重力双重作用，气流进入分离器后首先沿器壁回旋流动，借离心力作用将大量的液体分离下来，然后气流沿分离器筒体空间(沉降空间)向上流动，液体微粒籍重力作用分离下来。卧式重力分离器的分离原理，是利用重力作用使液滴从气流中分离下来；分离器的进口结构使气流进入分离器后，在其端部产生冲击而使大量的携带液被分离下来；气流经过冲击后沿筒体折向流动，折向流动的过程是天然气中携带的微滴被进一步沉降分离的过程。

2.3.7　计量分离器操作前应检查哪些内容？

答：(1)检查确认计量分离器橇块进出口球阀处于全开状态；

(2) 检查确认分离器橇装设备连接件紧固无泄漏，8 字盲板安装正确，安全阀上下游闸阀处于开启状态；

(3) 检查确认设定的背压阀的压差调节器(DPV)值为 30psi；

(4) 检查确认所有仪表投用且示值就地显示与远传一致；

(5) 检查液位计(变送器)液位值低于 62.5%；

(6) 检查确认液位调节阀前后闸阀处于完全打开状态，液位调节阀处于自动控制状态。

2.3.8　计量分离器投运步骤是什么？

答：(1)打开背压阀的前后阀门，投运背压阀；

(2) 打开孔板阀的前后阀门，关闭孔板阀的旁通阀，投运气相流量计；

(3) 液位达到设定值后，打开旁通阀吹扫污物后关闭，打开液位调节阀的前后阀门，投运液位调节阀；

(4) 打开电磁流量计的前后阀门，关闭电磁流量计的旁通阀，投运电磁流量计。

2.3.9　计量分离器停运步骤是什么？

答：(1)远程打开生产分支管处气动双作用球阀；

(2) 打开液位调节阀的旁通阀，排完分离器液体后，关闭液位调节阀的旁通阀；

(3) 远程关闭计量分支管处气动双作用球阀，关闭酸气出口球阀。

2.3.10 计量分离器操作中应注意些什么？

答：(1)操作时必须穿戴防护器具，且有人监护；

(2) 分离器投产后密切关注计量分离器各参数值，若发现异常及时汇报，当计量分离器前后压差大于 0.2MPa 时打开背压阀旁通截止阀；

(3) 当发现液位调节阀出现故障，分离器液位超过 62.5% 时及时汇报调度室，缓慢开启分离器液位调节阀的旁通阀进行手动排液；

(4) 当排液流程与火炬分液罐导通排液时，密切关注火炬分液罐液位，不能使火炬分液罐液位超过 40%。

2.3.11 计量分离器排污到酸液缓冲罐操作前应检查哪些内容？

答：(1)检查确认计量分离器排污出口闸阀处于关闭状态；

(2) 检查酸液缓冲罐冲沙口球阀处于打开；

(3) 检查计量分离器从排沙口接酸液缓冲罐冲沙口管线中间的截止阀处于打开；

(4) 检查确认计量分离器以及酸液缓冲罐现场的压力，液位计的隔断阀打开以及压力值、液位值指示与 SCADA 系统相同；

(5) 记录酸液缓冲罐以及计量分离器液位参数。

2.3.12 计量分离器排污到酸液缓冲罐操作步骤是什么？

答：(1)当计量分离器液位达到 60% 或巡检时需要对计量分离器排液时，缓慢打开计量分离器排污出口闸阀；

(2) 当听见有液体流过的声音时停止继续开启阀门；

(3) 站控室人员观察计量分离器液位以及压力变化情况，同时注意酸液缓冲罐液位以及压力变化情况，观察火炬火势大小。当酸液缓冲罐压力有显示，并且液位停止下降，计量分离器液位在 10% 以下时，则立即关闭计量分离器排污阀。

2.3.13 计量分离器排污到酸液缓冲罐操作中应注意些什么？

答：(1)操作人员必须持证上岗，按要求穿、佩戴好劳保及防护用品；

(2) 操作时必须有人监护；

(3) 开关阀门时应缓慢操作，以免流量过大造成冲击。

2.3.14 如何对计量分离器冲沙？

答：计量分离器属于含酸气高压容器，因此在施工作业前要对计量分离器流程进行隔断并进行放空，然后吹扫置换出容器内有毒气体，再用带压的清水冲洗容器内沉积的泥沙，同时用吸污车从排沙口收集污水进行集中处理。

2.3.15 计量分离器冲沙前应检查哪些内容？

答：(1)检查确认各连接件紧固、无泄漏，8 字盲板安装正确，安全阀在有效期内；

(2) 检查确认现场的仪表显示正常。

2.3.16 计量分离器冲沙步骤是什么？

答：（1）按操作规程停运计量分离器；

（2）关闭计量分离器进、出口球阀；

（3）打开手动放空阀，确认压力降至0MPa后，关闭手动放空阀；

（4）打开燃料气吹扫阀门和去火炬分液罐排液阀，在计量分离器压力表放空口检测，当硫化氢浓度小于10ppm后，关闭计量分离器净化气吹扫阀门和去火炬分液罐排液阀；

（5）连接冲沙进水管线，打开进水阀，开泵并观察液位计，直到容器达到正常液位300mm时，关闭进水阀；

（6）卸下排沙口盲法兰，将排沙口和污水收集桶进行连接；

（7）打开进水阀，同时调整排水阀开度，使容器保持在300mm正常液位；

（8）当确认排出水没有沙粒后，关闭进水阀，排干容器内的冲沙水，关闭排水阀；

（9）拆除连接软管，安装排沙口盲法兰，恢复流程。

2.3.17 计量分离器冲沙中应注意些什么？

答：（1）操作时必须穿戴防护器具，且有专人监护；

（2）排水过程中必须连续监视液位变化并及时调节排水阀开度，避免容器内液位下降使泥沙再次沉降；

（3）冲沙水压应高于容器压力150kPa，流量控制在约0.45m³/min。

2.3.18 生产分离器冲沙前应检查哪些内容？

答：（1）检查确认分离器处于停运状态；

（2）检查确认分离器管件、阀门无泄漏；

（3）检查确认现场的压力表、液位计指示正常；

（4）检查确认分离器已经置换合格；

（5）确认中控室已对周围硫化氢探头做好超驰。

2.3.19 生产分离器冲沙步骤是什么？

答：（1）打开分离器手动放空阀，观察压力表指示为零时放空完成；

（2）用消防水带把消防栓与冲沙口连接起来；

（3）拆除冲沙出口阀盲板，并连接排污短接；

（4）用消防水带把排污短接与污水车装车口相连；

（5）打开氮气进气阀，容器升压至0.2MPa后，再关闭氮气阀门；

（6）依次打开消防栓、冲沙口进水闸阀，向分离器内充水；

（7）液位达到50%时，打开冲沙出口阀，并保持分离的液位不变；

（8）配合污水装车人员进行装车，直至泥沙被冲洗干净；

（9）关闭进水阀，保持容器压力，排净分离器内的冲沙水；

（10）关闭冲沙口、排沙口阀门，并加装盲板；

（11）检验盲板处的密封是否良好；

（12）收拾好现场的卫生及工用具，做好相关记录。

2.3.20　生产分离器冲沙中应注意些什么？

答：（1）操作前必须穿戴个人防护用具，且有人监护；

（2）氮气置换后，检测硫化氢浓度低于10ppm，方可进行冲沙操作；

（3）保证进水连续性；

（4）冲沙过程中，要密切观察各个连接处是否牢固，确保无污水泄漏；

（5）排水过程中必须连续监视分离器液位，避免容器内液位下降使泥沙再次沉降。

第4节　甲醇加注橇块

2.4.1　什么是甲醇连续加注系统？

答：甲醇连续加注系统，包括井口管线加注系统和外输管线加注系统。加注介质——甲醇储存在药剂储存罐内，经Y形过滤器过滤、隔膜计量泵加压后，通过流量计（计量数据传至站控室）、管汇、阀门、雾化装置等管件注入井口或外输管线。

2.4.2　甲醇加注橇块检测变量有哪些？

答：（1）甲醇加注罐的温度、液位、压力；

（2）甲醇加注泵出口压力和流量；

（3）甲醇加注泵的运行状态。

2.4.3　甲醇加注橇块操作投运操作步骤是什么？

答：（1）旋转计量泵流量控制手轮，使行程显示器指针到"0"位；

（2）旋转控制面板启泵控制开关，空载5~10min，并检查确认泵体无异常声响；

（3）逆时针旋转计量泵流量控制旋钮到该井加注量；

（4）顺时针旋转锁紧螺母，将流量控制手柄固定。

2.4.4　甲醇加注橇块操作前应检查哪些内容？

答：（1）按照《阀门状态确认卡》确认所需启动泵的阀门状态；

（2）检查确认加注口盲板已断开，流程已连接；

（3）检查确认甲醇储罐液位在45%~85%之间；

（4）检查确认罐体和所有部件连接可靠，安全阀、呼吸阀等安全附件处于正常投用状态；

（5）检查确认计量泵齿轮箱油位处于中心线位置；

（6）检查确认现场仪表数据与站控室数据一致；

（7）检查确认甲醇加注泵出口及加注口球阀处于开启状态。

2.4.5 甲醇加注橇块正常停运步骤是什么？

答：（1）顺时针旋转计量泵流量控制手柄缓慢减小直至"0"位，然后旋转控制面板控制开关，停泵；

（2）关闭加注口前球阀；

（3）停泵时关闭计量泵出口、进口阀门，打开压力表排污阀放空。

2.4.6 甲醇加注橇块紧急停运步骤是什么？

答：（1）旋转控制面板计量泵电源控制开关，停泵，或者当站场发生一级关断或二级关断时进行紧急停运；

（2）在紧急状态解除后关闭加注口前球阀。

2.4.7 甲醇加注橇块操作中应注意些什么？

答：（1）操作时必须穿戴防护器具，且有人监护；

（2）运行泵出现故障时，应先启动备用泵，再关闭故障泵；

（3）若计量泵隔膜报警停泵，检查膜片是否破裂；

（4）启泵时若计量泵无排量，关闭计量泵出口，打开压力表下排污阀进行泄压，然后将泵排量加到100%，运行3min；

（5）加注泵在非标定情况下，标定柱不存液。

2.4.8 甲醇入罐操作前应检查哪些内容？

答：（1）检查确认甲醇罐溢流口、排污口、加注口阀门、甲醇罐液位计排空阀门处于关闭状态；

（2）检查确认离心泵与甲醇罐体、罐车连接紧密，无漏点；

（3）检查确认防爆离心泵接电正确，泵能正常运转。

2.4.9 甲醇入罐操作步骤是什么？

答：（1）指挥罐车停至指定位置，连接罐体加注口和快装短节，并与甲醇罐车连接；

（2）打开罐车底部出口阀，并打开甲醇罐加注口球阀，启动离心泵；

（3）观察甲醇罐体和罐车液位的变化情况；

（4）当甲醇罐内液位加至75%时，关闭罐车出口阀门，停止加注泵；

（5）关闭罐体加注口球阀；

（6）拆卸管线接头，将管线中余液回收至收集桶内，指挥甲醇罐车开离现场；

（7）拆卸快装短节并安装好盲板；

（8）清理场地，填写记录（加注时间、液位等），并向调度室汇报。

2.4.10 甲醇入罐操作中应注意些什么？

答：（1）操作时必须穿戴防护器具，且有人监护；

（2）罐车进站司机佩戴空气呼吸器，车辆安装防火罩；

（3）加注泵水平放置，连接管线顺畅不能扭曲；

（4）加注阀、放空阀处于全开状态；

（5）加注液位不能超过罐体液位 75%；

（6）加注操作过程，甲醇不能泄漏，余液回收处理做到安全环保。

2.4.11　甲醇标定操作前应检查哪些内容？

答：（1）检查确认甲醇加注管线出口流程导通；

（2）检查确认该泵甲醇加注口处于打开状态；

（3）检查确认标定柱外观洁净，刻度清晰；

（4）检查确认罐体液位在 25%~75% 之间；

（5）检查确认该泵能正常运转。

2.4.12　甲醇标定操作步骤是什么？

答：（1）启动甲醇加注泵时，首先运转 5min 后，再设定该泵加注排量；

（2）打开标定柱控制球阀，当标定柱液位达 4L 时关闭标定柱控制球阀；

（3）关闭计量泵进口阀门，同时打开甲醇标定柱控制阀门，将排量加至预定排量时，按下秒表，开始记时间，并记录此时标定柱内液位的刻度；

（4）当标定柱内液体排至 0 时，停秒表，记录时间及此时标定柱内液位的刻度；

（5）重复（1）~（4）步操作测量 3 次，分别计算出标定柱高值到低值的甲醇量及时间，从而计算出每小时的加注量，取其平均值；

（6）根据标定值调整计量泵排量；

（7）标定完成后应将标定柱内存液，全部打入管道中；

（8）将标定值填入记录本中。

2.4.13　甲醇标定操作中应注意些什么？

答：（1）操作时必须穿戴防护器具，且有人监护；

（2）打开计量泵进口球阀和关闭标定柱控制球阀应同时进行，防止泵头进入空气，造成计量泵不能排液；

（3）每天须对计量泵排量进行标定，或当产量调整后进行标定。

2.4.14　甲醇加注泵齿轮油更换步骤是什么？

答：（1）停运需要润滑的甲醇加注泵；

（2）关闭加注口球阀及流量计下游截止阀，对加注管线卸压；

（3）打开齿轮油加注口密封盖；

（4）卸开齿轮油排放口的丝堵，将机箱内齿轮油完全排放至预备好的收集桶内，用 L-CKC220 号齿轮油冲洗油缸，将残留的油品置换出来后，检测油箱内是否存在硫化氢气体，上紧排放口的丝堵；

（5）用三级过滤器将备用齿轮油从加注口缓慢加入，从齿轮油观察孔观察液位，液位至观察孔中心线处停止加入；

（6）上紧齿轮油加注口密封盖。

2.4.15 甲醇加注泵液压油更换步骤是什么？

答：（1）停运需要润滑的甲醇加注泵；

（2）关闭加注口球阀及流量计下游截止阀，对加注管线卸压；

（3）打开液压油加注口密封盖；

（4）卸开液压油排油阀，将液压油完全排放至预备好的收集桶内，用25#液压油冲洗油缸，将残留的油品置换出来后，检测油箱内是否存在硫化氢气体，上紧排放口的排油阀；

（5）用三级过滤器将备用液压油从加注口缓慢加入，从液压油观察窗观察液位，液位至机箱中心位置停止加入；

（6）上紧液压油加注口密封盖；

（7）齿轮油及液压油更换完成后启动加注泵空载运行3min，若运行正常，则此加注泵润滑油更换完毕。

2.4.16 甲醇加注泵润滑油更换中应注意些什么？

答：（1）操作时必须穿戴防护器具，且有人监护；

（2）停加注泵更换润滑油，避免润滑油从加注口溅出；

（3）排放润滑油前需打开加注口密封盖；

（4）齿轮油及液压油观察点保证清晰，便于油位观察；

（5）被更换的润滑油不得随意放置或处理。

2.4.17 甲醇加注橇块日常维护、保养有哪些内容？

答：（1）检查储液罐液位、温度；

（2）监控各输出系统的压力、流量，监控隔膜计量泵工作状态；

（3）监控各连接部位是否松动或泄漏。

2.4.18 甲醇加注橇块隔膜计量泵一级保养的主要内容有哪些？

答：（1）清洗设备外观；

（2）检查润滑油品是否变质，若变质将变质的润滑油进行更换，油位高低是否合适；

（3）更换拆卸部位不合格密封垫片；

（4）检查电路接头有无松动，线路有无老化情况；

（5）将设备各零部件进行紧固。

2.4.19 甲醇加注橇块隔膜计量泵二级保养的主要内容有哪些？

答：（1）更换齿轮油和液压油；

（2）查看隔膜形状是否变形，若变形则予以更换；

（3）拆洗内件并更换易损件，维修并清除现有故障；

（4）检查是否存在异响，若有异响则消除异响；

（5）注意液力端密封情况，发现有漏液现象时，可将密封函压帽压紧，或更换密封件。

第5节 缓蚀剂加注橇块

2.5.1 缓蚀剂加注装置组成有哪些？

答：缓蚀剂加注装置由橇座、药剂储存罐、隔膜计量泵、遮阳箱、防爆电控柜、防爆接线柜以及管汇、阀门、流量计、压力表、脉冲阻尼器、流量标定柱、Y形过滤器等组成。

2.5.2 什么是缓蚀剂连续加注系统？

答：缓蚀剂连续加注系统，包括井口管线加注系统和外输管线加注系统。加注介质——缓蚀剂储存在药剂储存罐内，经Y形过滤器过滤、隔膜计量泵加压后，通过流量计、管汇、阀门等组件注入井口或外输管线。

2.5.3 缓蚀剂加注橇块检测变量有哪些？

答：(1)缓蚀剂加注罐的温度、液位、压力；
(2)缓蚀剂加注泵出口压力和流量；
(3)缓蚀剂加注泵的运行状态。

2.5.4 缓蚀剂的分类有哪些？

答：(1)按照电化学作用机理分为：阳极型缓蚀剂、阴极型缓蚀剂和混合型缓蚀剂；
(2)按照缓蚀剂形成保护膜特征分为：氧化膜型缓蚀剂、沉淀膜型缓蚀剂和吸附型缓蚀剂；
(3)根据缓蚀剂的使用介质分为：酸性介质缓蚀剂、碱性介质缓蚀剂、中性介质缓蚀剂；
(4)根据缓蚀剂的化学组成分为：有机类缓蚀剂和无机缓蚀剂。

2.5.5 缓蚀剂加注橇块操作投运操作步骤是什么？

答：(1)转计量泵流量控制手轮，使行程显示器指针到"0"位；
(2)旋转控制面板启泵控制开关，启泵空载5~10min，并检查确认泵体无异常声响；
(3)逆时针旋转计量泵流量控制旋钮到该井加注量；
(4)将流量控制旋钮提起，进行锁定。

2.5.6 缓蚀剂加注橇块操作前应检查哪些内容？

答：(1)按照《阀门状态确认卡》确认所需启动泵的阀门状态；
(2)检查确认缓蚀剂储罐液位在45%~85%之间；
(3)检查确认罐体和所有部件无泄漏，安全阀、呼吸阀等安全附件处于投用状态；
(4)检查确认计量泵内液压油处于中线位置；
(5)检查确认现场仪表数据与站控室数据一致；
(6)检查确认缓蚀剂加注泵出口及加注口球阀处于开启状态。

2.5.7 缓蚀剂加注橇块正常停运步骤是什么？

答：（1）顺时针旋转计量泵流量控制手柄缓慢减小直至"0"位，然后旋转控制面板控制开关，停泵；

（2）关闭加注口前球阀；

（3）关闭加注泵出口、进口阀门；

（4）拆卸加注泵压力表排污阀丝堵，将压力泄放至0。

2.5.8 缓蚀剂加注橇块紧急停运步骤是什么？

答：（1）旋转控制面板计量泵电源控制开关，停泵，或者当站场发生一级关断或二级关断时进行紧急停运；

（2）在紧急状态解除后关闭加注口前球阀。

2.5.9 缓蚀剂加注橇块操作中应注意些什么？

答：（1）操作时必须穿戴防护器具，且有人监护；

（2）运行泵出现故障时，应先启动备用泵，再关闭故障泵；

（3）计量泵在运行过程中注意观察隔膜报警器压力，若有压力先停泵，然后拆下压力表，检查膜片是否破裂；

（4）启泵时若计量泵无排量，关闭计量泵出口，打开压力表下排污阀进行泄压，然后将泵排量加到100%，运行3min；

（5）加注泵在非标定情况下，标定柱不存液。

2.5.10 缓蚀剂入罐操作前应检查哪些内容？

答：（1）检查确认缓蚀剂罐溢流口、加注口、排污口阀门处于关闭状态，排污阀门处于关闭状态，罐体液位计放空阀门处于关闭状态；

（2）检查确认防爆离心泵无线头裸漏；

（3）检查确认液位变送器和液位计处于正常投用状态；

（4）检查确认离心泵与罐体连接紧密，无漏点；

（5）检查确认防爆离心泵接电正确，泵能正常运转。

2.5.11 缓蚀剂入罐操作步骤是什么？

答：（1）连接罐体加注口和快装短节；

（2）灌泵，并将泵进口管线短节插入缓蚀剂桶中；

（3）打开缓蚀剂罐加注口球阀，并启动离心泵；

（4）观察罐体液位的变化情况，并查看缓蚀剂桶内的液位；

（5）一桶打完时关闭加注口球阀，停泵；

（6）依次换桶，待罐体液位达到75%时，关闭加注口球阀，停泵；

（7）拆卸加注管线接头，将管线中残余液回收至铁桶内并倒进缓蚀剂桶中；

（8）拆卸快装短节并安装加注口盲板；

（9）清理场地，填写记录（加注时间、液位等），并向调度室汇报。

2.5.12 缓蚀剂入罐操作中应注意些什么？

答：(1)操作时必须穿戴防护器具，且有人监护；

(2)加注缓蚀剂全过程须佩戴耐酸碱手套及防化服；

(3)加注泵水平放置，连接管线顺畅不能扭曲；

(4)加注罐体液位不能超过75%；

(5)加注过程中，防止缓蚀剂泄漏，余液回收处理。

2.5.13 缓蚀剂标定操作前应检查哪些内容？

答：(1)检查确认缓蚀剂加注管线出口流程导通；

(2)检查确认该泵缓蚀剂加注口球阀处于打开状态；

(3)检查确认标定柱外观洁净，刻度清晰；

(4)检查确认罐体液位在25%~75%之间；

(5)检查确认该泵能正常运转。

2.5.14 缓蚀剂标定操作步骤是什么？

答：(1)启动缓蚀剂加注泵时，首先运转5min后，再设定该泵加注排量；

(2)打开标定柱控制球阀，当标定柱液位达200mL时关闭标定柱控制球阀；

(3)关闭计量泵进口阀门，同时打开缓蚀剂标定柱控制阀门，将排量加至预定排量时，按下秒表，开始记时间，并记录此时标定柱内液位的刻度；

(4)2分钟后，记录标定柱高值到低值的缓蚀剂量；

(5)重复步骤(1)~(4)操作测量3次，并计算出各次的每分钟加注量，取其平均值；

(6)根据标定值调整计量泵排量；

(7)标定完成后应将标定柱内存液全部打入管道中；

(8)将标定值填入记录本中。

2.5.15 缓蚀剂标定操作中注意些什么？

答：(1)操作时必须穿戴防护器具，且有人监护；

(2)打开计量泵进口球阀和关闭标定柱控制球阀应同时进行，防止泵头进入空气，造成计量泵不能排液；

(3)每天须对计量泵排量进行标定，或当产量调整后进行标定。

2.5.16 缓蚀剂加注泵齿轮油更换步骤是什么？

答：(1)停运缓蚀剂加注泵，并确认管线压力回零；

(2)卸开齿轮油排放口丝堵；

(3)将齿轮油排放至预备好的收集桶内，待齿轮油完全排尽后，用Pulsalube8G齿轮油冲洗油缸，将残留的油品置换出来后，上紧油箱底部丝堵；

(4)将备用齿轮油从加注口缓慢加入，从齿轮箱压盖处观察，液位加至机箱中心线处停止加入；

（5）上紧齿轮油加注口丝堵；

（6）齿轮油更换完成后启泵空载运行 3min，若运行正常，则此加注泵润滑油更换完毕。

2.5.17　缓蚀剂加注泵液压油更换步骤是什么？

答：（1）按《停运缓蚀剂加注泵操作规程》，停运缓蚀剂加注泵，并确认管线压力回零；

（2）打开液压油加注口压盖；

（3）卸开液压油排放口丝堵，将润滑油完全排放至预备好的收集桶内，并用 Pulsalube7H 液压油冲洗油缸，将残留的油品置换出来后，上紧油箱底部丝堵并上紧排放口的丝堵；

（4）将液压油从加注口缓慢加入，加入过程中用液压油加注口压盖上的橡胶液位检测棒检测，油位至检测棒端部时停止加入；

（5）上紧液压油加注口压盖；

（6）液压油更换完成后启泵空载运行 3min，若运行正常，则此加注泵润滑油更换完毕。

2.5.18　缓蚀剂加注泵油品更换中应注意些什么？

答：（1）操作时必须穿戴防护器具，且有人监护；

（2）齿轮油观察点保证清晰便于观察；

（3）被更换的润滑油不得随意放置或处理；

（4）对油箱内残存油品进行清洗和转换，防止油品的二次污染。

2.5.19　缓蚀剂加注橇块日常维护、保养有哪些内容？

答：（1）检查各设备是否运行正常；

（2）检查储液罐液位、温度，监控各输出系统的压力、流量；

（3）监控隔膜计量泵工作状态；

（4）检查各连接部位是否松动或泄漏。

2.5.20　缓蚀剂加注橇块隔膜计量泵一级保养的主要内容有哪些？

答：（1）清洗设备外观；

（2）检查润滑油品是否变质，若变质将变质的润滑油进行更换，检查油位高低是否合适；

（3）更换拆卸部位不合格密封垫片；

（4）检查电路接头有无松动，线路有无老化情况；

（5）将设备各零部件进行紧固。

2.5.21　缓蚀剂加注橇块隔膜计量泵二级保养的主要内容有哪些？

答：（1）更换齿轮油和液压油；

（2）查看隔膜形状是否变形，若变形则予以更换；

（3）拆洗内件并更换易损件，维修并清除现有故障；

（4）检查是否存在异响，若有异响则消除异响；

（5）注意液力端密封情况，发现有漏液现象时，可将密封函压帽压紧，或更换密封件。

第6节　火炬分液罐橇块

2.6.1　火炬分液罐工作原理是什么？

答：来自放空总管的天然气从容器一端上方进入，在容器前部分离区内经重力分离，液相下降，形成液相区，与此同时气体不断从液相中溢出，在经过 TP 板分离元件时，气体中挟带的液体被进一步"滤出"，沿 TP 板沉积于容器底部，而气相本身则穿过 TP 板分离元件进入容器后端上部，脱离气体的油/水也集聚于容器后端下部，从而完成气、液分离，分离后的气体直接去火炬燃烧，同时液体通过罐底泵增压后去外输管线。

2.6.2　如何对火炬分液罐检测控制？

答：(1)火炬分液罐一个液位控制回路，用于排污管线上罐底泵的控制，火炬分液罐液位高报警时启泵，液位低报警时停泵；

(2)火炬分液罐一个温度控制回路，用于火炬分液罐温度的控制；

(3)检测变量：火炬分液罐温度、压力、液位、流量。

2.6.3　火炬分液罐投运中液位控制是多少？

答：火炬分液罐罐内液位高高报警70%，液位高报警60%，罐底泵启泵液位60%，停泵0。

2.6.4　火炬分液罐操作前应检查哪些内容？

答：(1)检查确认站控系统液位、温度、罐底泵的运行状态与现场一致；

(2)按阀门状态确认卡确认橇块内各阀门状态；

(3)检查确认电源已送至火炬分液罐控制面板。

2.6.5　如何操作火炬分液罐罐底泵？

答：(1)在正常投运火炬分液罐罐底泵时，当液位高于800mm(60%)时，罐底泵自动启动，液体排至0时，罐底泵自动停止；当液位高于900mm(70%)而罐底泵未启动时，必须现场手动打开罐底泵，液位排至0时，关闭罐底泵。

(2)就地操作：当火炬分液罐液位达到600mm(40%)时，打开火炬分液罐控制箱，按下罐底泵启动按钮，启动罐底泵，顺时针旋转行程调节手轮，增大罐底泵排量，排量稳定后，使用锁紧手柄将行程固定；当火炬分液罐液位降至0后，按下罐底泵停止按钮，停运罐底泵，并逆时针旋转行程调节手轮至转不动为止。

(3)远程控制：当火炬分液罐液位到600mm(40%)时，罐底泵自动启动，火炬分液罐液位降至0后，罐底泵自动停泵。

2.6.6　如何操作火炬分液罐加热器？

答：打开控制面板上电源开关，查看电源指示灯明亮，按下加热器按钮，使得加热器处于运行状态，加热器工作范围5~15℃。

2.6.7 如何停运火炬分液罐？

答：（1）关闭火炬分液罐上游来气阀门；

（2）导通燃料气进火炬分液罐流程，打开吹扫管线球阀，5min 后检查容器内硫化氢浓度，低于 20ppm 时关闭吹扫管线球阀；

（3）关闭总电源。

2.6.8 火炬分液罐排污前应检查哪些内容？

答：（1）检查确认排污池液位空高大于 1m；
（2）检查确认排污池长明火处于燃烧状态；
（3）检查确认酸液排污管线无泄漏；
（4）检查确认酸液排污管线所有阀门处于关闭状态；
（5）检查确认排污池周围 100m 范围内没有无关人员进入；
（6）确认污水池周围监护人员已经到位。

2.6.9 火炬分液罐排污操作步骤是什么？

答：（1）液位达到（45%）时，进行排液操作，自下游向上游逐步打开各个阀门，导通排污管线，通过排污管线阀门进行流速控制；

（2）液位达到（10%）时，将排污管线自上游向下游逐步关闭各个阀门；

（3）做好排污记录，并及时向调度室汇报。

2.6.10 火炬分液罐排污时应注意些什么？

答：（1）操作时必须穿戴防护器具，且有人监护；
（2）污水池内液体的酸碱度为 pH≥7.4，始终呈碱性；
（3）在污水池周围设监护人员，防止周围人员靠近污水池；
（4）禁止酸气放空操作与火炬分液罐排污操作同时进行；
（5）站控室设一人监视火炬分液罐液位变送器液位变化，同时通过视频监控排液管线出口位置液体的流速；

（6）在污水池周围设监护人员，观察酸液出口液体流出的速度，若出现喷射状，则需关小酸液排污管线上阀门；若出现滴状，则需开大酸液排污管线上阀门。

2.6.11 如何进行火炬分液罐装车操作？

答：（1）对接好装车进口管线、回气管线、清水置换管线，接好污水罐车地线；
（2）开罐车回气阀门、火炬分液罐回气阀门，开罐车进口阀门、罐顶进口阀门；
（3）开清水罐车氮气补气阀门，打开置换阀门，打开罐车清水阀门；
（4）关闭罐车清水阀门，关闭置换阀门；
（5）打开缓冲罐出口阀门、底部出口球阀，启动装车泵装车；
（6）当罐车液位达到 1.3m 时，迅速关断缓冲罐底部出口球阀，停缓冲罐装车泵，关闭缓冲罐出口阀门；

（7）打开置换阀门，打开罐车清水阀门，进行清水置换；

（8）观察液位达到 1.4~1.45m 时，关清水出口阀门，关置换阀门，关进口阀门，关灌顶进口阀门；

（9）关闭罐车回气阀门，插好氮气置换管线；

（10）打开氮气补气阀门，进行置换后关氮气补气阀门，关缓冲罐回气阀门；

（11）拆卸两车各对接管线，拆卸罐车接地线，清理现场。

2.6.12　火炬分液罐装车中应注意些什么？

答：（1）确认酸液缓冲罐底部出口球阀、装车泵出口阀门关闭，确认酸液缓冲罐返回气阀门关闭；

（2）确认防爆轴流风机放置在上风口，处于备用状态，接地良好；

（3）罐车首次拉运残酸前，必须提前对罐体进行氮气置，氧气含量小于 3%；

（4）残酸拉运前，提前调整好补气系统，补气压力设定为 0.08~0.09MPa；

（5）装车及回气管线要连接可靠，检查确认接地线连接好；

（6）断开装车管线接头前，打开风机；

（7）断开回气接头前，确认两回气阀门关闭，拆卸接地线。

2.6.13　火炬分液罐罐底泵润滑油更换前应检查哪些内容？

答：（1）检查确认油品已到期或变质；

（2）检查确认计量泵停运。

2.6.14　火炬分液罐罐底泵润滑油更换步骤是什么？

答：（1）卸松计量泵油箱油标下的泄油塞，将废油放入塑料空桶中同时检测油箱内是否存在硫化氢气体；

（2）打开计量泵油箱顶部加油口防护套，用相同规格型号润滑油（N100 号油）冲洗油缸，将残留的油品置换出来；

（3）拧紧计量泵的泄油塞，用三级过滤器将相同规格型号润滑油（N100 号油）缓慢注入油缸；

（4）油位达到油标中心线时停止加注；

（5）盖上油箱加油口防护套。

2.6.15　火炬分液罐罐底泵润滑油更换中应注意些什么？

答：（1）操作时必须穿戴防护器具，且有人监护；

（2）卸下的废油要进行回收处理；

（3）油品更换完成后要用棉纱和清水将现场清理干净。

2.6.16　火炬分液罐橇块日常维护、保养有哪些内容？

答：（1）检查储液罐液位、温度；

（2）监控各输出系统的压力、流量；

(3) 监控柱塞泵工作状态；

(4) 监控各连接部位是否松动或泄漏。

2.6.17 火炬分液罐柱塞泵一级保养的主要内容有哪些？

答：(1)清洗设备外观；

(2) 检查润滑油品是否变质，若变质将变质的润滑油进行更换，检查油位高低是否合适；

(3) 更换拆卸部位不合格密封垫片；

(4) 检查电路接头有无松动，线路有无老化情况；

(5) 将设备各零部件进行紧固。

2.6.18 火炬分液罐柱塞泵二级保养的主要内容有哪些？

答：(1)更换齿轮油和液压油；

(2) 查看隔膜形状是否变形，若变形则予以更换；

(3) 拆洗内件并更换易损件，维修并清除现有故障；

(4) 检查是否存在异响，若有异响则消除异响；

(5) 注意液力端密封情况，发现有漏液现象时，可将密封函压帽压紧，或更换密封件。

2.6.19 火炬的组成及作用是什么？

答：火炬主要由塔架、筒体和火炬头构成，塔架固定筒体，筒体连接集气站放空管线，火炬头进行打火和长明火燃烧。

2.6.20 火炬点火原理是什么？

答：集气站燃料气通过火炬底部的阀门进行过滤调压后进入火炬头，通过火炬头的自动点火装置自动打火点燃长明火，长明火引燃火炬筒体排出的气使火炬处于燃烧状态，火炬装置还装设了吹扫口，当火炬头需要检修时，通过吹扫口将有害气体进行吹扫，防止人员伤害。

2.6.21 如何对火炬进行检测控制？

答：(1)火炬内部的检测控制由点火控制盘负责完成，点火控制盘应能实现就地手动/自动点火和远程手动点火，点火系统采用电点火方式；

(2) 燃料气供气管线设置一台自力式调压阀(PCV)，用于调节阀后压力，满足火炬的燃料气供气压力，调压阀选用流通能力大的轴流式或截止式阀门，调节精度应优于±2.5%；

(3) 点火控制盘提供火炬熄火报警信号，接受站控系统的远程点火信号，均为触点信号。

2.6.22 火炬长明灯操作前应检查哪些内容？

答：(1)检查确认火炬旁的配电箱就地控制面板供电的旋钮打到"合"的状态；

(2) 检查确认燃料气分配橇块燃料供气球阀、火炬底部长明灯的主管路阀门打开，旁通阀门关闭，去火炬筒体阀门关闭，压力表显示值在 0.07~0.1MPa 之间。

2.6.23 火炬长明灯投运操作步骤是什么？

答：(1)火炬燃料气进气阀门开启，等待5min，就地控制面板的两个旋钮旋转到自动位置，循环打火，长明灯检测到火焰，就地控制面板两个绿色指示灯明亮；
(2)在站控系统界面查看火炬头旁的长明灯火焰明亮，长明灯熄火报警解除。

2.6.24 火炬长明灯停运步骤是什么？

答：(1)将就地控制面板的两个旋钮逆时针旋转到 OFF 位置；
(2)关闭火炬底部长明灯管线的球阀、截止阀、调压阀的旁通截止阀；
(3)在站控系统界面查看火炬头旁的长明灯火焰闪动，长明灯熄火报警开始报警。

2.6.25 火炬长明灯操作运行过程中应注意些什么？

答：(1)操作时必须穿戴防护器具，且有人监护；
(2)火炬点长明灯前先用净化气对火炬筒体吹扫5min。

2.6.26 火炬头故障检修作业前应检查哪些内容？

答：(1)检查长明灯的火焰头是否出现了明显的变形和焊缝裂纹，如果有必要的话，可进行更换；
(2)检查长明灯混合器是否出现了裂缝，如果有必要的话，可进行更换；
(3)检查孔口销钉。确保销钉是直的并且是铅直的。清洗孔板和确认孔眼尺寸。如果有必要的话，可进行更换；
(4)检查长明灯混合器上的燃料气过滤器，清洗滤网，如果有必要的话，可进行更换；
(5)检查所有缝隙焊接处；
(6)检查气缸的可视变形；
(7)检查火焰保持环的片段，对任何出现磨损或丢失的片段进行更换；
(8)检查净化气体调节器，以确保出口压力的正确性，根据日程安排更换膜片；
(9)检查过滤器和滤网，清洗滤网，如果有必要的话，可进行更换。

2.6.27 火炬头故障检修步骤是什么？

答：(1)关闭长明灯进气阀门：①要绝对保证每个人都清楚点火装置和火炬烟囱；②进行检修前，首先应关闭火炬放空总管端部的吹扫气阀门，待吹扫气火炬主体未发现有火焰，关闭火炬长明灯管线阀门，一直到长明灯火焰熄灭。等火炬头冷却后，检查无误后，方可攀登火炬塔架。
(2)恢复点火程序：当火炬在线时，接近火炬头或长明灯是不安全的。必要时也可以使用望远镜进行观察。在夜间，从一个安全的距离处，观察长明灯火焰是否呈现赤红色。
① 点火罩的背面通常呈暗红色。这是由于长明灯内的小股火焰在防护罩里面持续稳定地燃烧引起的。
② 在正常情况下，点火罩内的火焰发出暗淡的辉光，应该站在上风方向上，在距离长

明灯的点火管线稍远一点儿的地方进行观察。当风向发生改变后，要重新进行检查。

③ 在长明灯混合器的附近出现辉光现象，这表明长明灯已经回火到混合器，这也表明长明灯火焰头已经严重恶化，要尽快更换长明灯火焰头。采取下列步骤来消除混合器内的燃烧现象：

a. 在火炬头上建立稳定燃烧的火焰，需要足够的可燃气体。因此，在整个燃烧过程中，要始终保持充足的气体流向火炬头；

b. 通过关断长明灯供气阀，来熄灭长明灯；

c. 混合器冷却需要有足够的时间；

d. 打开长明灯供气阀，重新点燃长明灯。

④ 在长明灯已点燃得到证实后，恢复火炬正常的吹扫速率。

⑤ 在同一水平面上检查长明灯燃料气过滤器，清洗滤网，如果有必要的话，可进行更换。

2.6.28　火炬头故障检修中应注意些什么？

答：（1）在长明灯点火之前，要证实火炬系统本质上是无氧的，否则火炬系统可能存在爆炸的潜在危险；

（2）检修控制板时要特别小心，正在检修的任何电路都应处于断路状态。

2.6.29　火炬日常维护、保养有哪些内容？

答：（1）每天检查压力表、控制面板指示灯，检查有无泄漏，检查记录有无失常；

（2）每周检查控制器和阀门是否正常；

（3）每年检查筒体的腐蚀情况，根据实际情况进行清洗和修补，检查清洗阀门、控制器和过滤器，更换坏损部件。

第7节　酸液缓冲罐橇块

2.7.1　酸液缓冲罐橇块主要组成及作用是什么？

答：酸液缓冲罐橇块主要由罐体、罐底泵、流量计、压力表、温度计、Y型过滤器、安全阀等组成。作用是分离处理初期采气阶段气体中的液、固体杂质。

2.7.2　酸液缓冲罐工作原理是什么？

答：来自井口分酸分离器的污水经酸液缓冲罐一端上方进料，在酸液缓冲罐前部分离区内经重力分离，液相下降，形成液相区，与此同时气体不断从液相中溢出，在经过 TP 板分离元件时，气体中携带的液体被进一步滤出，沿 TP 板沉积于容器下部，而气体本身则穿过 TP 板分离元件进入酸液缓冲罐后端上部，脱离气体的油/水也集聚于容器后端下部，从而完成气、液分离，分离后的气体直接去火炬分液罐，当分离后的液体液位达到 78.4%，人机界面报警，经现场确认后进行液体拉运。

2.7.3　如何对酸液缓冲罐检测控制？

答：（1）选择控制回路，即酸液缓冲罐的液位和液相出口流量选择联锁停污水装车泵；
（2）检测变量：酸液缓冲罐温度、压力、液位和液相出口流量。

2.7.4　酸液缓冲罐投运中液位控制是多少？

答：当分离后的液体液位达到 78.4% 时，人机界面报警，经现场确认后进行液体拉运。

2.7.5　如何进行酸液缓冲罐装车操作？

答：（1）密闭水罐车到位；
（2）强力排风扇安放到管线连接处；
（3）连接好罐车与酸液缓冲罐的管线接头和返回气管线接头，并导通阀门；
（4）依次缓慢打开罐车进口阀门、装车酸液管线出口阀门；
（5）启动装车泵进行装车；
（6）酸液缓冲罐液位达到 21.4%，自动停泵；若自动未动作，当液位达到低报警值 71.4% 时，立即手动停止罐底泵；
（7）关闭装车酸液管线出口阀门，打开清水置换阀对残液进行置换；
（8）置换完成后关闭罐车进口阀门、罐车罐顶回气阀门、装车返回气管线阀门。

2.7.6　酸液缓冲罐日常维护、保养有哪些内容？

答：（1）每天检查压力表、温度计、液位计读数，检查有无泄漏，检查记录有无失常；
（2）每周检查控制器和阀门是否正常；
（3）每年检查安全阀，检查容器内件和容器的腐蚀情况，根据实际情况进行清洗和修补，检查并清洗阀门，检查控制器，更换坏损部件。

2.7.7　如何进行磁力泵的维护保养工作？

答：磁力泵的保养分为一级保养和二级保养。一级保养是在磁力泵累计运行 720h 后，对其进行的定期维护。二级保养是在磁力泵累计运行超过 1440h 后，对其进行的维护保养。

2.7.8　磁力泵一级保养的主要内容有哪些？

答：（1）清洗设备外观；
（2）更换拆卸部位不合格密封垫片；
（3）检查电路接头有无松动，线路有无老化情况；
（4）将设备各零部件进行紧固。

2.7.9　磁力泵二级保养的主要内容有哪些？

答：（1）检查磁力泵管路及结合处有无松动现象；
（2）向轴承体内加入轴承润滑机油，观察油位应在油标的中心线处，润滑油应及时更换或补充；
（3）检查电机运行情况，采取措施对运行不正常的电机进行维修。

第8节　燃料气分配橇块

2.8.1　燃料气分配橇块组成有哪些?

答:燃料气分配橇块主要由入口气动球阀、燃料气分离器、用气计量、压力控制、仪表风缓冲罐、调压系统、安全放散系统、放空系统、仪表电气系统以及相应的管道、阀门、管件等组成。

2.8.2　燃料气分配橇块工作原理是什么?

答:来自净化厂的3.2~3.5MPa的燃料气,先进入燃料气分离器,经过重力沉降,然后出气经过调压至0.6~0.8MPa。过滤分离后分两路,一路进入仪表风缓冲罐,再经过沉降分配到各个橇块作为仪表风用气;另一路分配到集气站各个设备,如井口加热炉用气、吹扫气用气、应急发电机发电用气等。

2.8.3　燃料气分配橇块的主要作用是什么?

答:燃料气分配橇块的主要作用是将较高进口压力天然气调至设定所需的较低出口压力,并在用气量变化及进口压力波动的情况下,自动地将出口压力稳定在一定范围内。

2.8.4　燃料气分配橇块的主要配置是什么?

答:燃料气分配橇块的主要配置有燃气压力调节、流量计量、超高压切断及超高压安全放散功能、燃料气过滤分离等。

2.8.5　简述集气站站场燃料气系统工艺流程是什么?

答:来自净化厂的3.2~3.5MPa的燃料气,输至各集气站后经调压至0.6~0.8MPa,过滤分离后分别供给仪表风、井口加热炉用气、吹扫气用气、应急发电机发电用气。

2.8.6　燃料气分离器具有几重分离效应?

答:燃料气分离器又名高效旋流过滤分离器,对天然气的净化具备三重分离效应,即:第一步重力沉降分离(预处理)、第二步高效旋流分离(预处理)及第三步精密过滤分离(精处理)。

2.8.7　燃料气橇块操作前应检查哪些内容?

答:(1)按照阀门状态确认表确认阀门状态;
(2)检查站控系统压力、流量、气动球阀阀位显示与现场相同;
(3)检查确认过滤器和分离器的差压仪表导压管路连接完好,表盘示值在50kPa以下。

2.8.8　燃料气橇块投运步骤是什么?

答:(1)打开燃料气进口闸阀;

（2）燃料气进入橇块充压，观察橇块前的压力表显示为 3.2~3.5MPa；调压后的压力显示为 0.6~0.8MPa；

（3）观察燃气发电机组压力显示为 174~274kPa；

（4）开启仪表风出口球阀、燃料气出口球阀。

2.8.9 燃料气橇块停运步骤是什么？

答：（1）待站内气井和各燃气设备处于停运状态，关闭燃料气出口球阀 RL-R20、RL-R22；

（2）待各设备仪表及气动设备已停运，关闭仪表风缓冲器出口球阀 RL-Y2，关闭过站管线 ESDV 仪表风泄压口球阀；

（3）关闭燃料气分配橇块入口闸阀 RL-R2；

（4）做好停机记录并汇报。

2.8.10 燃料气橇块操作中应注意些什么？

答：（1）操作时必须穿戴防护器具，且有人监护；

（2）运行时注意观察过滤器差压变化，当差压为 50kPa 时需排污或清洗过滤器；

（3）使用临时吹扫气，需消、气防设施准备完善、管路连接正确无泄漏、安全人员在场并许可后方可进行；

（4）若调压器后压力超出范围，应由仪表工对调压器进行调节，使调压后压力稳定于正常范围内。

2.8.11 燃料气橇块 ESDV 操作前应检查哪些内容？

答：（1）检查确认阀体无泄漏；

（2）检查确认上游来气压力在 3.2~3.5MPa 之间；

（3）检查确认现场阀门开关状态和站控室一致。

2.8.12 燃料气橇块 ESDV 操作步骤是什么？

答：（1）ESDV 阀复位操作：在紧急关断情况确认能够解除后，在站控室人机界面或手操台复位 ESD-1 或 ESD-2 关断后，确认 ESDV 阀下端的挂挡手柄打到自动操作位置。

（2）手动操作：断开仪表风，将 ESDV 阀下端的挂挡手柄打到手动操作位置。

① 开阀：现场逆时针操作 ESDV 阀门手轮，直到阀门指示器显示全开；

② 关阀：顺时针旋转手轮，直到阀位指示器显示全关。

2.8.13 燃料气橇块 ESDV 操作过程中应注意些什么？

答：（1）操作时必须穿戴防护器具，且有人监护；

（2）手动开阀后，供上仪表风时，必须将手轮顺时针旋转到初始状态，并且将挂挡手柄打到自动操作位置。

2.8.14　如何对燃料气橇块检测控制？

答：（1）设置三台自力式调节阀（PCV），均是调节阀后压力，其中两台用作调节燃料气分离器出口燃料气输送压力，另外一台用作调节去燃气发电机组的燃料气压力；

（2）一个紧急关断回路，负责切断来自末站的燃料气进站（ESDV）；

（3）检测变量：温度、压力、液位、流量；阀门的阀位反馈。

第9节　收（发）球筒

2.9.1　清管的目的是什么？

答：（1）保护管道，使它免遭输送介质中有害成分的腐蚀，延长使用寿命；

（2）改善管道内部光洁度，减少摩阻，提高管道的输送效率；

（3）保证输送介质的纯度。

2.9.2　如何打开快开盲板？

答：（1）将手柄插入卸压螺钉孔中；

（2）逆时针松开卸压螺钉并手动拧出；

（3）取掉互锁板；

（4）通过盖板的沟槽将手柄插入动密封环的孔中；

（5）通过手柄逆时针旋转动密封环；

（6）打开塞堵。

2.9.3　如何关闭快开盲板？

答：（1）塞上塞堵；

（2）将手柄通过盖板的沟槽插入动密封圈的孔中；

（3）通过手柄顺时针旋转动密封圈；

（4）取掉手柄；

（5）将互锁板放回，小心地将两根长销钉插入孔内锁住扇形体，小心地将一根短销钉插入孔中锁定动密封圈并将卸压螺钉拧入母扣；

（6）将手柄插入卸压螺钉的孔中；

（7）手动顺时针拧动卸压螺钉并手动紧固。

2.9.4　快开盲板维护、保养要求主要有哪些？

答：（1）快开盲板每开关一次就要进行维护保养；

（2）采用符合性能要求的润滑剂，清洁所有的密封面、润滑铰链旋转轴、扇形体以及动密封圈、卸压螺钉垫圈/卸压螺钉的丝扣和螺纹孔、动密封圈；

（3）检查各种垫圈和密封圈，发现损坏及时更换；

（4）注意可拆卸部件的松紧度和锈蚀等情况并进行调整，使其合乎使用要求。

2.9.5　怎么解决密封圈老化或变形引起的盲板泄漏？

答：打开收球筒盲板取出清管器时要向球筒喷淋缓释剂或酸气残液，更换相应型号的密封圈。

2.9.6　清管器分为哪几类？

答：橡胶清管球、皮碗清管器、泡沫清管器、清管塞(刷)等。

2.9.7　皮碗清管器的优点是什么？

答：(1)在管道内运行时，能保持固定的方向，能携带各种检测仪器和其他装置；
(2)密封性能好、置换介质和清扫管内空间、清除管壁铁锈等；
(3)推出管内固体杂质的效果比清洁清管球好。

2.9.8　清管器收发装置的结构主要包括哪些？

答：(1)收发球筒；
(2)工艺管线；
(3)阀门及装卸工具；
(4)指示器及压力表。

2.9.9　什么情况下适用空管通球？

答：空管通球，一般用于新建管线竣工后或投产前清除管线内的污水、泥沙、石头、铁器、木杠等物，也可用于生产管线的球阀严重内漏无法在生产情况下通球清管时。

2.9.10　收发球筒主要功能是什么？

答：收发球筒的主要功能是接收和发送清管器，对管道进行缓蚀剂预涂膜，还可定期对管道中产生的凝析液进行清除，以防止管道内腐蚀和产生的凝析液影响管道的正常输气。

2.9.11　如何过程监控清管器？

答：(1)缓蚀剂涂膜作业应在发球端、沿线阀室、中途集气站汇入点、收球端设置监测点；
(2)在定位监测点利用定位监测仪器监测清管器的通过状况，并实时监测管道压力变化情况；
(3)控制清管器运行速度，记录作业参数。

2.9.12　清管阀收球器后应随即对清管阀做什么？

答：(1)清除清管阀内污物；
(2)清洗盲板；
(3)密封面润滑保养。

2.9.13 公式 $t=32.079\times10^3\times\dfrac{LD^2p}{TZQ}$ 中各符号所代表的意义是什么?

答：L——发球站到相应观察监听点距离，km；

Q——输气量(发球前调整稳定的气量)，km^3/d；

p——通球管段平均压力，MPa。

T——球后管段天然气平均温度，K，取发球站气体的温度；

Z——p、T 条件下天然气压缩系数；

D——输气管内径，m。

2.9.14 用容积法计算清管球运行距离的公式是什么?

答：$$L=\dfrac{4P_nTZQ_N}{D^2T_nP\pi}$$

式中　L——球运行距离，m；

Q_N——发球后的累计进气量，m^3；

P——推球压力，即某时刻球后(上流)段起点和终点的平均压力，MPa；

T——球后管段天然气平均温度，取发球站气体的温度；K；

Z——P_n、T_n 下天然气压缩系数；

P_n——标准参比条件下的压力，0.101325MPa；

D——输气管线内径，m；

T_n——标准参比条件下温度，293.15K。

2.9.15 预算球运行至各观察监听点的时间公式是什么?

答：$t=32.079\times10^3\times\dfrac{LD^2p}{TZQ}$

2.9.16 燃料气管线清管球发送操作前应检查哪些内容?

答：(1)检查确认操作区域无泄漏；
(2)检查确认燃料气调压橇块工作正常；
(3)检查确认清管球完好无损；
(4)检查确认下游已做好收球准备工作。

2.9.17 燃料气管线清管球发送操作步骤是什么?

答：(1)缓慢打开旁通阀，关闭清管阀上下游阀门；
(2)顺时针方向转动手动装置手轮，使阀球旋转90°，手动装置指针对准"关"，此时阀门处于"关"状态；
(3)打开快卸口下部的卸压球阀，卸压，再打开阀体上部的排气球阀，完全卸压；
(4)完全卸压后，拔出安全销；
(5)逆时针方向转动快卸盖，使快卸盖指示刻线对准"开"，打开快卸盖；
(6)推入清管球；

（7）推入快卸盖，顺时针方向转动快卸盖，使快卸盖接触定位挡销且快卸盖指示刻线对准"关"，插入安全销；

（8）依次关闭阀体上部的排气球阀和快卸口下部的卸压球阀；

（9）逆时针方向转动手动装置手轮，使阀球旋转90°，手动装置指针对准"开"，此时阀门处于"开"状态；

（10）依次平稳打开清管阀下游阀门和上游阀门，关闭旁通阀；

（11）通知下游做好收球准备，并做好记录。

2.9.18　燃料气管线清管球发送操作中应注意些什么？

答：（1）操作时必须穿戴防护器具，且有人监护；

（2）清管阀卸压时，阀门操作要平稳缓慢，侧面操作；

（3）每次推入快卸盖前，应做如下保养：①确保排气球阀及其管路、卸压球阀及其管路保持通畅；②检查快卸盖密封面是否完好，如有缺陷，应及时消除；③清洁快卸盖密封面，涂覆润滑油。

2.9.19　收发球筒快开盲板操作前应检查哪些内容？

答：（1）检查确认施工方案、安全确认表填写齐全；

（2）检查灭火器的压力及使用期限；

（3）检查通信设备处于完好状态；

（4）依照安全确认表，与集气站场人员检查确认作业区各阀门是否处于正确的开关位置。

2.9.20　收发球筒快开盲板操作步骤是什么？

答：（1）开启直管段净化气吹扫管线进气阀，对直管段及球筒进行充压、放压，直到硫化氢浓度低于10ppm，关闭净化气吹扫管线气进气阀，开启球筒放空阀至压力为零。

（2）在收发球筒快开盲板前面启动防爆排风扇或强风车。

（3）用盲板钥匙逆时针旋转安全锁销，取出安全锁销。

（4）关闭球筒低压放空。

（5）逆针旋转马蹄形传动杆，收缩胀圈。

（6）将盲板钥匙插进转轴钥匙孔处，在打开快开盲板的同时指挥应急人员或自备清水对球筒进行喷淋、淋湿收发球筒内壁（防止硫化亚铁自燃），检查清洁密封面，保持球筒内清洁。

（7）取下安全锁销密封垫圈及防尘垫圈，擦拭干净后检查完整度，如有破损、断裂、变形的情况做到及时更换。

（8）擦拭干净并仔细检查球筒法兰密封面，将锈蚀、腐蚀处用细砂纸均匀打磨，然后均匀涂抹3#锂基润滑脂。

（9）擦拭干净并检查自蓄能垫圈完好，如有破损、断裂、变形的情况做到及时更换，无问题后均匀涂抹少许3#锂基润滑脂。

（10）将端法兰平行推入球筒。

（11）顺时针旋转马蹄形传动杆，使胀圈进入法兰内卡槽。

（12）放入安全锁块并插入安全锁销顺时针拧紧，快开盲板关闭。

（13）置换球筒内的空气。开启球筒净化气吹扫管线进气阀，对球筒进行充压、放压，置换球筒内空气，关闭净化气进气阀、放空阀。

（14）酸气验漏，开启球筒出口球阀平衡阀，待压力平衡后，对球筒盲板进行验漏。

（15）放空置换。

① 关闭球筒出口球阀平衡阀；

② 打开球筒手动放空阀将球筒压力放空为零；

③ 对球筒用氮气或净化气进行充压、放空置换，直到检测硫化氢气体低于10ppm；

④ 检测硫化氢浓度达到合格后，关闭吹扫气进气阀，开启发球筒放空阀至压力为零，关闭放空阀。

（16）清理现场、收拾工用具，做好维修工作记录。

2.9.21 收发球筒快开盲板操作中应注意些什么？

答：（1）操作时必须穿戴防护器具，且有人监护；

（2）开关阀门时一定缓慢开关，操作人员不能正对阀门丝杠；

（3）如球筒内壁有温度上升现象，需用水进行喷淋降温；

（4）打开和关闭快开盲板时要缓慢，并在侧面操作；

（5）整个作业过程中要保持通信畅通。

2.9.22 清管器发送操作前检查哪些内容？

答：（1）检查清管器无损坏，缝隙间无杂物，固定螺栓已紧固，测量过盈量符合要求；

（2）检查通信设备处于完好状态；

（3）调整气量至清管所需流量；

（4）沿线阀室监听人员已到位；

（5）检查确认发球筒进气球阀和发球筒大小头处球阀、1、2号球阀处于关闭状态，平衡阀处于开启状态，手动放空球阀处于开启状态，截止阀处于关闭状态，双截止阀组处于关闭状态，排污阀处于关闭状态；

（6）确认放空火炬处于燃烧状态；

（7）确认作业区域涉及的范围无闲杂人员；

（8）确认收球端已倒通收球流程。

2.9.23 清管器发送操作步骤是什么？

答：（1）将站场外输管线压力高高报警打到超驰状态。

（2）开启球筒净化气吹扫阀，对发球筒进行置换至少6~10次，开启双阀组截止阀，用便携式硫化氢检测仪检测。当硫化氢检测合格后，关闭双阀组截止阀，关闭净化气吹扫阀，开发球筒放空阀至压力为零。

（3）在快开盲板侧面启动防爆排风扇或强风车。

（4）打开快开盲板，关闭放空阀。同时用消防水对发球筒内进行喷淋，收集发球筒流出的残液，检查清洁密封面，保持发球筒内清洁；如密封圈损坏则进行更换。

（5）用推球杆把清管器送入球筒大小头处，关闭发球筒平衡阀，关闭快开盲板。

（6）置换球筒内空气，开启发球筒净化气吹扫阀，对球筒进行置换，关闭净化气进气阀、放空阀。

（7）打开球筒进气平衡阀，验漏。

（8）压力平衡后打开进气球阀，关闭进气平衡阀。

（9）待球筒压力与输气压力平衡后，全开发球筒出口球阀，全开球筒大小头处球阀。

（10）全关集气站外输出站球阀。

（11）当指示器发出球通过信号后，表示清管器已发出，并向阀室监听人员及收球人员通报。

（12）恢复发球端流程：①全开集气站外输球阀；②关闭发球筒进口球阀；③关闭发球筒出口球阀，打开发球筒手动放空阀，待球筒压力为零后关闭发球筒大小头处球阀；④置换发球筒酸气，当硫化氢检测合格后，开启发球筒放空阀至压力为零，关闭放空阀。

（13）清扫场地，记录通球数据，并把相关参数汇报调度。

（14）做好记录（压力、时间等），汇报到调度室并联系收球端。

2.9.24 清管器发送操作中应注意些什么？

答：（1）操作时必须穿戴防护器具，且有人监护；

（2）发球操作过程中时刻注意管线表面的温度、压力变化；

（3）整个作业过程中要保持通信畅通；

（4）打开和关闭快开盲板时要缓慢，并在侧面操作；

（5）如球筒内壁有温度上升现象，需用水进行喷淋降温；

（6）清管器在管道中运行时，应保持运行参数稳定，及时分析清管器的运行情况，并及时根据运行情况调整作业参数，对异常情况应及时采取相应措施。

2.9.25 清管器收球操作前应检查哪些内容？

答：（1）检查收球筒上相关阀门、仪表处于完好状态；

（2）检查通信设备处于完好状态；

（3）检查确认各阀门状态：收球筒进口球阀处于关闭状态，排污阀处于关闭状态，球筒放空阀处于关闭状态，双阀组截止阀组处于关闭状态；

（4）确认放空火炬处于燃烧状态；

（5）确认作业区域涉及的范围无闲杂人员；

（6）确认收球端已倒通收球流程。

2.9.26 清管器收球操作步骤是什么？

答：（1）开启收球筒出口球阀平衡阀验漏，开启出口球阀，关闭平衡阀，开启收球筒进口球阀。

（2）关闭收球筒旁通球阀。

（3）流程倒好后向发球端汇报。

（4）当收球筒通球指示仪显示清管器通过后，开启收球筒旁通球阀，关闭收球筒进、出口球阀。

（5）开启收球筒排污阀，排污完毕后，关闭排污阀。

（6）打开收球筒手动放空阀将球筒酸气压力放空为零。

（7）对收球筒进行净化气置换至少6~10次。

（8）开启收球筒双阀组截止阀，并用便携式硫化氢检测仪检测，当硫化氢检测合格后，关闭吹扫气进气阀，开启放空阀，球筒内净化气压力放空为零后关闭放空阀。

（9）开启强风车或防爆排风扇，残液回收桶放置收球筒快开盲板下方。

（10）打开收球筒快开盲板的同时用消防水对收球筒内进行喷淋，取出清管器，保养、清洁盲板密封面，如密封圈损坏则进行更换。

（11）关闭收球筒快开盲板。

（12）空气置换，开启收球筒净化气吹扫管线进气阀，置换球筒内空气，开放空阀进行吹扫，关闭净化气进气阀、放空阀。

（13）验漏，开启收球筒出口球阀平衡阀，待压力平衡后，对收球筒进行验漏。

（14）置换：①关闭收球筒出口平衡阀；②打开收球筒手动放空阀将球筒压力放空为零；③对收球筒用净化气进行置换至少6~10次；④开启收球筒双阀组截止阀，并用便携式硫化氢检测仪检测，当硫化氢检测合格后，关闭净化气吹扫阀，开启发球筒放空阀至压力为零，关闭放空阀。

（15）清理作业现场：①做好清管记录，及时向上级汇报清管情况；②收拾擦拭工具用具，回收残液，清理作业现场。

（16）整理好记录，向厂生产调度汇报。

2.9.27 如何对收、发球筒进行燃料气转换？

答：（1）关闭收球筒出口平衡阀；

（2）打开收球筒手动放空阀将球筒压力放空为零；

（3）对收球筒用净化气进行置换至少6~10次；

（4）开启收球筒双阀组截止阀，并用便携式硫化氢检测仪检测，当硫化氢检测合格后，关闭净化气吹扫阀，开启发球筒放空阀至压力为零，关闭放空阀。

2.9.28 清管器收球操作运行过程中应注意些什么？

答：（1）操作时必须穿戴防护器具，且有人监护；

（2）从收球筒中取出清管器和排除筒内污油、污物、残液时，作业人员应站在上风口；

（3）整个过程中保持通信畅通；

（4）打开和关闭快开盲板时要缓慢，并在侧面操作；

（5）如球筒内壁有温度上升现象，需用水进行喷淋降温；

（6）清除的液体和污物应收集处理，不应随意排放；

（7）管道吹扫完毕后，断开吹扫管线并盲板隔断。

2.9.29 进行汇管排污操作前应做哪些检查?

答:(1)操作前确认手动排污处的闸阀已打开、截止阀已关闭;

(2)操作前确认火炬分液罐排污进口球阀处于打开状态;

(3)操作前确认火炬分液罐罐体压力,液位变送器的隔断阀已打开且液位值显示与站控室 SCADA 人机界面一致;

(4)观察火炬分液罐液位,不能高于 60%。

2.9.30 如何进行汇管排污操作?

答:(1)缓慢开排污出口处的截止阀;

(2)从声音判断当有液体流过时停止开动截止阀;

(3)站控室人员注意火炬燃烧情况,并观察火炬分液罐液位以及罐体的压力变化情况,及时与现场人员沟通,控制排液流量;

(4)当排污管线有气流声音、火炬分液罐液位高于 60% 或火炬出现蓝色火焰时,则立即关闭排污截止阀。

第 10 节　燃气发电机

2.10.1 燃气发电机操作前应检查哪些内容?

答:(1)检查确认机油油位接近"FULL(满)"的位置,无机油泄漏;

(2)检查确认燃气系统进气压力在 174~274kPa 之间;

(3)检查确认冷却系统水箱无渗漏,防冻液已加满;

(4)检查确认传动皮带无松弛、无损坏;

(5)检查确认电瓶线接头牢固,无氧化物,绿色状态灯亮;

(6)检查确认所有指示灯均正常显示;

(7)检查确认控制器面板无破损,报警灯、电压电流表等正常;测试指示灯、报警器和数字显示器正常。

2.10.2 燃气发电机启动步骤是什么?

答:(1)机侧启动:将发电机控制器上的主开关置于"RUN(启动)"位,启动发电机。主开关未置于"AUTO(自动)"位时,"NOTINAUTO(未在自动)"灯会亮且警报器响。

(2)自动启动:机组进行自动启动时,将机组主开关置于"AUTO(自动)"位。

2.10.3 燃气发电机启动后检查哪些内容?

答:(1)发动机检查:发动机运转平稳,机油、燃气、防冻液无泄漏,排烟正常,各连接口无漏气,充电机运转正常;

(2)控制器仪表检查:机油压力为 45~75psi,冷却液温度为 72~82℃。

2.10.4　燃气发电机停运步骤是什么？

答：(1)手动停机：卸除负载，让发电机空载运行至少 5min 后，将发电机主开关置于"OFF/RESET"位；

(2)紧急停机：按下紧急停机开关。

2.10.5　燃气发电机操作中应注意些什么？

答：(1)操作时必须穿戴防护器具，且有人监护；

(2)发电机处于硫化氢扩散区域内的操作前必须穿戴个人防护设备。

第1节　压力测量仪表

3.1.1　什么是压力?

答：介质垂直均匀作用于单位面积上的力叫压力。在我国的法定计量单位中，规定压力的基本单位为帕斯卡(简称帕)，符号为 Pa。

3.1.2　常用的压力表示方法有哪些? 它们之间的关系如何?

答：在压力测量中，常用的压力表示方法有绝对压力、表压力、大气压力、负压或真空度之分，其关系如图 3-1 所示。

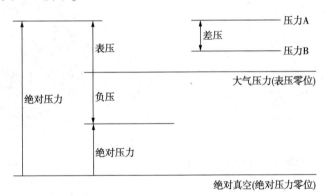

图 3-1　常用压力之间的关系

（1）绝对压力：指作用于物体表面积上的全部压力，其零点以绝对真空为基准，又称为总压力或全压力，一般用符号 p_A 表示。

（2）大气压力：指地球表面空气柱重量所产生的压力值，它随时间、地点而变化，其值可用气压计测定，用符号 p_a 表示。

（3）表压力：表压力是高于大气压力的绝对压力与大气压力之差，或者相对将大气压力作为零压力就称为表压力。一般压力表的读数就是在当地大气压力下的表压力，用符号 p_g 表示，$p_g = p_A - p_a$。

（4）负压：指比大气压力低的表压，用 p_v 表示，$p_v = p_g - p_a$；

（5）真空度 V：当绝对压力低于大气压力时的绝对压力称为真空度；

（6）差压力：指两个压力之间的差值，或者以大气压力以外的任意压力作为零点所表示的压力，用 Δp 表示，$\Delta p = p_1 - p_2$。

3.1.3 什么叫标准大气压？

答：标准大气压指 0℃时，大气作用于北纬 45°海平面上的压力，水银气压表上的数值为 760mm 水银柱高（相当于 101.325kPa）。

3.1.4 压力测量仪表按其转换原理的不同大致可以分为哪几类？

答：（1）液柱式压力计；
（2）弹性式压力计；
（3）电气式压力计；
（4）活塞式压力计。

3.1.5 弹簧管压力表主要由哪几部分组成？

答：一般压力表由弹簧管、传动放大机构（包括拉杆、扇形齿轮、中心齿轮等）、指示装置（指针和表盘），以及外壳等几部分组成。常圈弹簧管的结构如图 3-2 所示，弹簧管压力表见图 3-3。

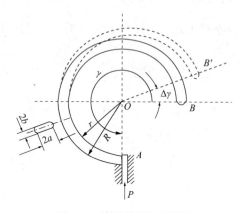

图 3-2　单圈弹簧管的结构

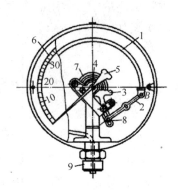

图 3-3　弹簧压力表
1—弹簧管；2—拉杆；3—扇形齿轮；
4—中心齿轮；5—指针；6—面板；
7—游丝；8—调整螺钉；9—接头

3.1.6 如何选取压力表量程？

答：对于弹性式压力计，一般情况下，在被测压力比较平稳的情况下，最大工作压力不应超过量程的 2/3；在测量压力波动较大的压力时，最大工作压力不应超过量程的 1/2；测量高压压力时，最大工作压力不应超过量程的 3/5。为保证测量精度，被测压力最小值应不低于仪表全量程的 1/3 为宜。

3.1.7 读取压力表示值时应注意什么问题？

答：读压力时，压力表指针要位于两眼中间，使眼睛、压力表指针、压力表刻度位于一条线上时再读数。

3.1.8 弹簧管式压力表的测压原理是什么？

答：弹簧管式压力表的测压原理是根据虎克定律，利用弹性敏感元件受压后产生的弹性形变，并将形变转换成位移放大后，用指针指示出被测的压力。

3.1.9 更换压力表操作前应检查哪些内容？

答：(1) 检查确认压力表周围及本体无硫化氢泄漏；
(2) 检查确认待更换压力表完好无损、量程合适且在检定期内。

3.1.10 更换压力表操作步骤是什么？

答：(1) 选定合格的压力表，准备好工具和材料、油料；
(2) 记录新旧压力表的编号、厂名、等级、规格、工作地点；
(3) 关闭压力表取压阀；
(4) 关闭压力表的控制阀，打开放空阀放空。若无放空阀，可用扳手把压力表活接头卸松 1~2 圈，让流体沿丝扣处缓慢泄压直至压力表示值为零；
(5) 卸放表内压力后，继续卸活接头，最后用手缓慢旋下压力表；
(6) 取下活接头、垫片，检查活接头、垫片可否再用(如垫片损伤、严重变形，更换新垫片)；
(7) 将新表装入活接头螺纹后，再双手对握扳手，将压力表上紧，对正压力表表盘方向；
(8) 关闭放空阀(若无放空阀，无此项操作)；
(9) 缓慢打开压力表控制阀，对压力表接口处进行验漏；
(10) 验漏合格后，擦拭工具、用具，并放回原处；
(11) 填写更换压力表记录。

3.1.11 更换压力表操作中应注意些什么？

答：(1) 操作时必须穿戴防护器具，且有人监护；
(2) 被测压力应在所选压力表量程的 1/3 至 2/3 范围内；
(3) 未卸完压力表内压力前不能拆旧表；
(4) 拆卸压力表时应侧向操作；
(5) 操作时，应使用两把活动扳手，扳手开口大小应与被夹持工件表面相吻合，且双手同时用力，配合得当，防止压力表掉地上；
(6) 开压力表控制阀时动作缓慢，两眼注视指针，使压力慢慢上升，不准猛开表，使指针冲击式上升；
(7) 填写记录时把压力表规格型号、精度等级、仪表位号、厂名、使用地点、换表原因、时间等栏目填写清楚。

3.1.12 电容式差压变送器的工作原理是什么？

答：电容式差压变送器采用变电容测量原理，将由被测压力差引起的弹性元件的变形转变为电容的变化，用测量电容的方法测出电容量，便可知道被测压差的大小。

3.1.13 压力变送器、压力表解堵前检查哪些内容？

答：(1)检查确认被堵部件位置，若被堵设备是参与控制连锁，或影响连锁的压力仪表，则需在站控室人机界面或井口控制柜将该关断信号打至超驰；

(2)检查确认所有连接部件紧固，无破损；

(3)检查确认碱液桶中碱液液面在1/2处。

3.1.14 DBY型电动压力变送器主要由哪几部分组成？

答：DBY型电动压力变送器主要由测量部分，机械力转换部分，位移检测器与电子放大器，电磁反馈机构四部分组成。

3.1.15 DBY型电动压力变送器测量部分的作用是什么？

答：将输入的压力信号转换成作用在主杠杆上的测量力。

3.1.16 DBY型电动力变送器机械力转换部分的作用是什么？

答：将测量元件对主杠杆的力转换成固定在副杠杆上的检测片的位移，同时也起输入力矩与反力矩的平衡作用。

3.1.17 DBY型电动压力变送器位移检测器与电子放大器的作用是什么？

答：通过位移检测片的微小位移，影响位移检测线圈的电感量，使输入到放大器的信号变化。接着又通过高频振荡放大器的放大，转换成相应的 $0\sim10mA$ 或 $4\sim20mA$ 的直流信号输出。

3.1.18 DBY型电动压力变送器电磁反馈机构的作用是什么？

答：将变送器输出的电流转换为相应的负反馈力矩，作用于副杠杆和测量部分的输入力矩相平衡。

3.1.19 自动差压变送器由哪两部分组成？

答：由测量部分与气动转换部分组成。

3.1.20 变送器的作用是什么？

答：通过检测元件将工艺变量检测出来并转换成统一标准的气压信号或直流电流信号。

3.1.21 什么是传感器？

答：能将被测的某物理量，按照一定的规律将其转换成同种或别种量值输出的器件。

3.1.22 什么是变送器？

答：输出为标准信号的传感器的专称。

3.1.23 什么叫反馈？

答：把对象的输出量馈送到输入端并将输入量进行比较的过程。

3.1.24 压力变送器、压力表解堵步骤是什么？

答：(1)将压力表或压力变送器放空管线插入碱液桶中；

(2) 用开水从压力表或压力变送器根部到双阀组来回浇 2min；

(3) 关闭压力表或压力变送器根部取压针阀；

(4) 缓慢打开放空针阀到 3 圈，直至压力表或压力表示值为"0"；

(5) 关闭放空针阀；

(6) 缓慢打开压力表或压力变送器根部取压针阀；

(7) 观察压力表或压力变送器示值是否恢复正常。若正常则解堵操作完成；若不正常则按照上述步骤(2)~(6)再次进行解堵；

(8) 解堵完成后，将人机界面和井口控制柜关断超驰信号取消。

3.1.25 压力变送器、压力表解堵中应注意些什么？

答：(1)操作时必须穿戴防护器具，且有专人监护；

(2) 在开关针阀过程中切忌猛开、猛关；

(3) 若解堵设备为参与控制连锁的压力变送器，一定要在人机界面将其超驰，防止引起意外关断；

(4) 操作人员在进行解堵操作时，要站立在上风口，切忌半蹲姿势；

(5) 当打开放空针阀还没有反应时，应关闭放空针阀，用开水重新进行浇注；

(6) 当高低压限位阀和被解压力表或压力变送器共用一个管台时，应将高低压限位阀取压针阀关闭，并在解堵完成后恢复。

3.1.26 压力变送器的零点偏移量小于 3%的修正方法是什么？

答：(1)压力变送器的零点修正可以用 HART 手操器来调整；

(2) 在进行零点修正的时候，确保所有的平衡阀门已打开，以及管路内的液位灌充至正确的位置上；

(3) 打开手操器的电源，把手操器的两根表笔按正负极分别接到变送器的信号正负极；

(4) 选中"HART Application"，按 Delete 键进入菜单；

(5) 按"PageDn"按钮，选中"Online"，按 Delete 键进入菜单；

(6) 按"PageDn"或"PageUp"按钮，选中"LRV"或"URV"，按 Delete 键进入数字表进行零点或量程的调整。

3.1.27 压力变送器的零点偏移量大于3%的修正方法是什么?

答：(1)在进行零点修正的时候，确保所有的平衡阀门已打开，以及管路内的液位灌充至正确的位置；

(2)松开防爆认证标牌上的螺丝钉，露出零点调整按钮；

(3)按下零点按钮2min设置4mA输出点，检查输出是否变成了4mA。LCD表头的变送器会显示"ZEROPASS"。

3.1.28 如何进行压力变送器更换操作?

答：(1)将该关断信号打至超驰；

(2)将防爆风扇放置于现场操作4~5m处，并启动；

(3)关闭压力变送器根部双阀组取压针阀；

(4)将压力变送器放空管线插入碱液桶中；

(5)缓慢打开压力变根部双阀组放空针阀，确认压力回零；

(6)断开电源，依次拆下连接线，拆下旧压力变送器；

(7)将新压力变送器根部缠上适量生胶带更换，调整好方向并上紧；

(8)依次装上连接线，接通电源；

(9)关闭压力变送器双阀组放空针阀；

(10)打开压力变送器根部双阀组取压针阀；

(11)观察压力变示值，验漏合格；

(12)将人机界面关断超驰信号取消，恢复正常。

3.1.29 压力变送器安装操作注意事项有哪些?

答：(1)在安装压力变送器之前，不得给其送电(禁止带电作业)；

(2)端子柜内的压力变送器接线头须挂锡，不得出现毛刺；

(3)确定接线无误后，给压力变送器送电，并将压力变送器的量程、单位等参数设置好，观察压力变送器输入控制室的压力值，并与现场可视压力表进行比较。

3.1.30 压力变送器拆卸操作注意事项有哪些?

答：(1)在拆压力变送器之前，必须将压力放掉，然后将端子柜内压力变送器的电源端子拔掉；

(2)在拆压力变送器之前，应先擦拭干净变送器盖上的灰尘、雨水或油污；

(3)拆压力变送器防爆戈兰头时，先将压力卸掉，然后取下压力变送器表后盖，将压力变送器线头处理后，取下防爆戈兰头；

(4)拆压力变送器时，须用工具卡住表接头，旋下压力变送器；

(5)若暂时不装压力变送器，应把线头用绝缘胶布缠住，以免腐蚀。

3.1.31 压力变送器的维护保养内容有哪些?

答：(1)保持铭牌、表头的清楚、明晰，经常擦拭，防锈；

（2）各部件应配装牢固，不应有松动、脱焊或接触不良等现象；

（3）注意防爆戈兰头处密封，防止进水，及时除锈；

（4）通电时，不得在爆炸性环境下拆卸变送器表盖；

（5）每年对仪表进行检定。

第2节　温度测量仪表

3.2.1　什么叫温度？

答：温度是表征物体冷热程度的物理量，它的单位是摄氏度℃，将其换算为热力学温度的公式为：

$$热力学温度（K）= 摄氏度℃ + 273.15$$

3.2.2　玻璃温度计的测温原理是什么？

答：液体物质受热膨胀，遇冷收缩的现象。

3.2.3　压力式温度计的测温原理是什么？

答：测量一定体积的流体的体积变化。

3.2.4　热电偶中保护管的作用是什么？

答：热电极免受化学腐蚀和机械损伤。

3.2.5　热电阻温度计测量系统的组成主要包括哪三部分？

答：热电阻温度计测量系统的组成主要包括：感温元件热电阻、显示仪表、连接导线三部分。

3.2.6　热电阻温度计的测温原理是什么？

答：测温时将热电阻元件置于被测温介质中，介质温度的变化引起热电阻的电阻值的变化，此变化通过显示仪表指示出被测介质的温度值。

3.2.7　更换双金属温度计前应检查哪些内容？

答：(1)检查确认温度计周围及本体无硫化氢泄漏；
(2)检查确认待更换温度计完好无损、量程合适且在检定期内。

3.2.8　更换双金属温度计操作步骤是什么？

答：(1)用工具小心向左旋下旧的温度计；
(2)旋上新的温度计，检查它的温度值，看是否与同流程的温度变送器相同；
(3)填写更换温度计的记录。

3.2.9　更换双金属温度计中应注意些什么？

答： （1）操作时必须穿戴防护器具，且有人监护；

（2）双金属温度计检定周期为一年，拆装及送检时要小心保护感温元件和玻璃表面，以免损坏；

（3）双金属温度计感温杆的长度，应与保护套管长度相对应。

3.2.10　电伴热操作前应检查哪些内容？

答： （1）检查确认电伴热控制柜面板上各路开关良好，指示灯指示正常，接线端子无松动和过热现象；

（2）检查确认电伴热带能够正常发热；

（3）检查确认电伴热外保温层无破损、残缺、潮湿；

（4）检查确认温控器毛细管（温度传感器）正常；

（5）检查确认控制柜，伴热带，温控器，接线盒及伴热部位无异常气味和变色。

3.2.11　电伴热投用操作步骤是什么？

答： （1）合上配电室配电柜或现场控制柜上标有电伴热字样的电源开关，电伴热控制柜上总电源红色指示灯亮。如发现异常，应停止合闸，查明原因，进行处理。

（2）根据现场实际使用需求，合上控制柜上对应部位的分路开关，确认对应的红色指示灯亮，然后到现场伴热点进行巡视，查看伴热带是否发热。

3.2.12　电伴热停用操作步骤是什么？

答： （1）断开控制柜各分路开关，断开电伴热电源开关，电伴热控制柜上总电源红色指示灯熄灭；

（2）10min 后对现场伴热点进行巡视，查看有无异常。

3.2.13　电伴热操作中注意些什么？

答： （1）在伴热部位进行维修或更换设备时，切记要先确认伴热系统的电源已断开，不得带电作业；

（2）投运前必须进行绝缘测试；

（3）当发现开关跳闸时查明原因，确认无误后方可送电。

第3节　液位测量仪表

3.3.1　磁翻板式液位计清洗前应检查哪些内容？

答： （1）检查确认分酸分离器各连接部件无外漏，作业区域内无泄漏；

（2）检查确认液位计浮筒堵、卡情况。

3.3.2　磁翻板式液位计清洗步骤是什么？

答：（1）按照关井操作规程进行关井操作，停运分酸分离器，然后对分离器进行放空、吹扫。

（2）取出磁翻板式液位计浮筒：①打开手动排污阀，将分酸分离器里的液体排净，打开分酸分离器手动放空阀直至分酸分离进口压力表显示0；②关闭液位计上部和下部球阀；③将液位计顶端的丝堵缓慢卸开；④缓慢打开液位计顶端放空阀，直到磁翻板室内压力为0；⑤在液位计正下方放置有碱液的塑料桶，然后拆卸液位计底部盲法兰；⑥卸松盲法兰螺栓，排尽液位计内的残液；⑦残液排放完毕后戴上防酸手套，卸下盲法兰，缓慢取出磁翻板室内的浮筒。

（3）清洗浮筒：①用棉纱先对浮筒和弹簧进行粗略清理；②用蘸有碱液的毛巾纱对浮筒和弹簧进行全面清理；③清洗液位计底部盲法兰上的污物；④利用粗铁丝，用蘸有碱液的棉纱清洗浮筒内壁。

（4）放入浮筒：①缓慢将浮筒和弹簧放入浮筒室；②装上液位计底部盲法兰；③装上液位计顶端丝堵；④关闭液位计顶端放空阀；⑤打开液位计上下端控制球阀。

（5）验漏：①对分酸分离器升压、验漏；②重点检查液位计拆卸部位的气密情况，若有漏点及时处理。

3.3.3　磁翻板式液位计清洗中应注意些什么？

答：（1）操作时必须穿戴防护器具，且有专人监护；
（2）在卸开液位计丝堵的过程中要确保压力落零。

3.3.4　计量分离器液位变送器标定前应检查哪些内容？

答：（1）检查确认计量分离器处于停运状态，进、出口球阀处于关闭状态；
（2）检查确认计量分离器罐内液体已排尽；
（3）检查确认计量分离器罐内酸气已放空完毕，压力表指示为0，放空闸阀及截止阀处于打开状态。

3.3.5　计量分离器液位变送器标定步骤是什么？

答：（1）将液位计上、下端闸阀关闭；
（2）缓慢卸松液位计顶端丝堵，打开后及时向浮筒内冲入清水；
（3）缓慢将液位计下端丝堵拧下，打开液位计下端小闸阀，将浮筒内残留的污水排至废液收集筒；
（4）从浮筒顶端丝堵处加入清水对浮筒进行清洗，清洗至排出的液体变清为止；
（5）将软管从液位计底部连接至浮筒，向浮筒内加注清水，根据U形管原理用手操器对液位计进行标定，并与站控室核对参数；
（6）标定成功后，将液位计底端闸阀关闭，安装液位计上、下丝堵；
（7）打开液位计上、下端闸阀，关闭计量分离器放空截止阀及闸阀；
（8）缓慢打开计量分离器进出口阀门，对计量分离器进行充压，同时对液位计拆卸部位进行验漏、清理作业现场。

3.3.6　计量分离器液位变送器标定中应注意些什么？

答：（1）操作时必须穿戴防护器具，且有人监护；

（2）废弃残液及清洗液要倒入指定地点进行中和处理。

第4节　流量测量仪表

3.4.1　什么叫流量？

答：流量是流体在单位时间内流过管道或设备横截面的数量。

3.4.2　什么叫流量计？

答：测量流量的仪器或仪表叫流量计。测量天然气流量的仪表种类很多，常用主要有差压式流量计、容积式流量计、速度式流量计、质量流量计等。我国目前使用最多的是标准孔板节流装置差压式流量计。

3.4.3　我国的天然气计量的标准状态是什么？

答：我国将20℃、1标准大气压（101.325kPa）作为我国的天然气计量的标准状态。

3.4.4　测量天然气流量的差压式流量计由哪几部分组成？

答：差压式流量计由标准节流装置、导压系统及记录差压的差压计组成。

3.4.5　什么叫节流装置？

答：节流装置是使管道中流动的流体产生静压力差的一套装置，完整的节流装置由标准孔板、带有取压孔的孔板夹持器和上下游测量管组成。

3.4.6　现场常用的标准节流装置有哪些？

答：现场常用的标准节流装置有标准孔板节流装置、喷嘴节流装置、文丘里管节流装置。

3.4.7　标准孔板节流装置由哪几部分组成？

答：它由节流件、取压装置和节流装置前、后直管段组成。

3.4.8　天然气标准孔板流量测量中对气流有何要求？

答：（1）气流通过节流装置的流动必须是保持亚音速的，稳定的或仅随时间缓慢变化的，不适用于脉动流流量测量；

（2）气流必须是单相的牛顿流体，若气体含有质量分数不超过2%的固体或液体微粒，且成均匀分散状态，也可以认为是单相的牛顿流体；

（3）气流流经孔板以前，其流束必须与管道轴线平行，不得有旋转流；

（4）为进行流量测量，必须保持孔板下游侧静压力与上游侧静压力之比大于或等于 0.75。

3.4.9 孔板测量流量的原理是什么？

答：充满管道的流体，当它们流经管道内的节流装置时，流束将在节流装置的节流件处形成局部收缩，从而使流速增加，静压力降低，于是在节流件前后便产生了压力降，即压差。介质流动的流量越大，在节流件前后产生的压差就越大，所以可以通过测量压差来衡量流体流量的大小。这种测量方法是以能量守恒定律和流动连续性定律为基准的。

3.4.10 什么叫标准孔板？

答：标准孔板是一块具有圆形开孔，并与测量管同心，其入口边缘非常锐利的薄板。

3.4.11 法兰取压主要特征是什么？

答：主要特征是标准孔板上、下游侧取压孔轴线分别位于距孔板上、下游端面的距离为 $25.4\pm0.8mm$ 的位置上。

3.4.12 节流装置对前后测量管的要求是什么？

答：（1）节流装置前后直管段应达到目测无弯曲；

（2）节流装置前后直管段必须是圆形管；

（3）在实际生产中，我们一般要求最低应该做到：上游侧直管段长大于 $30D$（D 为前后测量管内径），下游侧直管段长大于 $15D$；

（4）在节流装置前 $10D$ 和节流装置后 $4D$ 的范围内，要求管道内壁应光滑，无可见的毛刺的凹坑。

3.4.13 节流装置对导压管路有何技术要求？

答：（1）导压管长度的选取与导压管的内径有关，在实际使用中要求导压管的长度满足下表中规定的要求：

导压管长度/m	<16	16~45	45~90
导压管内径/mm	7~9	>10	>13

（2）当测量气体可能出现凝析液时，导压管内径应不小于 13mm；

（3）当测量气体为低压气体，并且气体可能出现凝析液时，导压管内径不得小于 20mm；

（4）导压管应垂直或倾斜敷设，对于可能出现凝析液沉积的地方，其倾斜度不得小于 1:12；

（5）当差压信号传送距离大于 30m 时，应进行分段倾斜，并在最低点设置沉降器（或排污阀）。

3.4.14 采用标准孔板节流装置计量系统，其误差来源主要有哪几方面？

答：误差来源主要有以下几方面：（1）节流装置的设计、制造、安装及使用的不正确；
（2）计量器具的检定、维护和使用不当；
（3）计量参数的录取、处理及流量的计算方法不正确。

3.4.15 操作仪表平衡阀时为什么要遵循先开后关的原则？

答：平衡阀是平衡流量计高低压腔的通道，打开它就相当于将流量计置于被保护状态，在开流量计时就可以防止因流量计量程小或高低压室导压管一侧堵等原因，造成仪表单相过载。关流量计时先开了平衡阀，就可以放心进行其他操作，如高低压腔排液、放空等。所以遵循平衡阀先开后关的原则，就是为了更好地保护流量计不被损坏。

3.4.16 安装孔板正确的方向是什么？安装孔板时为什么不能装反？

答：装孔板时应该"小进大出"。孔板装反后，就使得差压比正常时降低，因而造成计量气量比实际气量偏小，大约偏小 10% ~ 17%。

3.4.17 测量孔板内径为什么要等角距测四组数据？

答：严格地说应该等角距测四组以上的数据，然后取算术平均值，这样要求的目的是为了更准确地测取孔板内径，多测几个方向就能尽量减少因圆度误差带来的测量误差以减少测量带来的人为误差。

3.4.18 如何对仪表膜盒进行排液？

答：仪表后面的测量头外壳上，左右两侧上下均有一针阀（外观似螺帽），上面的松开可以放空，下面的松开可以排液，但放空排液前均需打开仪表平衡阀，慢慢地拧开小针阀，只需拧松，不必拧掉。

3.4.19 仪表平衡阀漏气应怎样修理？

答：应松开备帽，上紧盘根压帽，然后再固紧螺钉。

3.4.20 仪表的示值录取时为什么要刻度、指针、眼睛三点成一线？

答：这样录取数据较为准确，可尽量减小录取时的人为读数误差。

3.4.21 孔板差压计量测量值比实际值偏大的可能因素有哪些？

答：（1）孔板太厚使气流流过时的阻力增大，引起差压增大；
（2）孔板孔径尺寸量错，计算所用孔径比实际孔径大；
（3）孔板上游直管段长度不够，引起流量系数偏小；
（4）上游导压管至仪表间的接头或仪表阀漏气或堵塞；
（5）差压计不准，记录示值偏高，造成差、静压值大；
（6）温度计不准，记录的温度值比实际气流温度值小；

（7）计算 K 值不准，用的天然气相对密度比实际的小。

3.4.22 更换高级孔板阀孔板前应做哪些工作？

答：更换高级孔板阀孔板前做好工用具准备及现场安全检查。

（1）准备消、气防器具：便携式硫化氢检测仪 2 只、正压式空气呼吸器 2 套、8kg 灭火器 2 具。

（2）准备好工用具：防爆排风机 1 台、孔板阀专用摇柄 2 个、200mm 活动扳手 1 把、孔板夹持器 1 个、压盖密封垫子 1 个、平口螺丝刀 1 把、剪刀 1 把、验漏喷壶 1 个、棉纱 0.5kg、硫化氢中和液 5kg、3#锂基润滑脂 0.2kg、专用密封脂 0.5kg、验漏液 1L、清水 20L、防爆对讲机 2 部。

（3）检查确认孔板阀周围无硫化氢泄漏，上下游仪表运行正常；孔板阀阀体是否有硫化氢泄漏，孔板阀放空阀处于关闭状态；防爆排风扇摆放到位；孔板阀阀前后系统压力为"0"。

3.4.23 如何进行高级孔板阀孔板更换操作？

答：（1）将排风机自上风处对准孔板阀打开；

（2）打开孔板阀平衡阀；

（3）顺时针转动滑阀齿轮轴，打开滑阀；

（4）逆时针转动下导板提升齿轮轴，直到导板与上导板提升齿轮轴相啮合；

（5）逆时针转动上导板提升齿轮轴提升导板，直到导板轻轻顶住压板为止；

（6）逆时针转动滑阀齿轮轴，直到滑阀齿轮轴逆时针无法转动为止；

（7）关闭孔板阀平衡阀、滑阀，打开放空阀放空；

（8）当放空阀处无气体外溢时，由外向内对称地拧松所有顶丝；

（9）推动压盖，露出部分上阀腔，喷入硫化氢中和液，观察上阀腔，若无异常则取出顶板及压盖；

（10）继续逆时针转动上导板提升齿轮轴，取出导板，取出旧孔板；

（11）向孔板阀内加注清水；

（12）检查并清洗保养垫片、压板、顶板、导板及孔板阀压板槽；

（13）顺时针转动滑阀齿轮轴，打开滑阀；

（14）卸下孔板阀下方排污堵头；

（15）用清水冲洗孔板阀阀腔；

（16）安装孔板阀下方排污堵头；

（17）逆时针转动滑阀齿轮轴，关闭滑阀；

（18）按喇叭口朝向下游装好新孔板，将导板放入孔板阀内，注意齿槽对正；

（19）逆时针转动上导板提升齿轮轴 1/4 圈，然后顺时针转动上导板提升齿轮轴，降落导板，当导板上沿低于压板槽时，停止降落导板；

（20）依次将垫片、压板、顶板放入压板槽，从内向外对称上紧顶丝；

（21）顺时针转动滑阀齿轮轴，打开滑阀；

（22）顺时针转动上导板提升齿轮轴，降下导板，直到导板与下导板提升齿轮轴相啮合；

（23）顺时针转动下导板提升齿轮轴；

（24）逆时针转动滑阀齿轮轴，关闭滑阀；

（25）注入专用密封脂；

（26）关孔板阀放空阀，打开孔板阀平衡阀，导通生产流程，充压验漏；

（27）关闭平衡阀；

（28）打开放空阀将上阀腔气体放空；

（29）恢复正常生产，投用孔板阀；

（30）将该流量计量点切换到运行状态。

3.4.24 更换高级孔板阀孔板注意事项有哪些？

答：（1）操作时必须穿戴防护器具，且有人监护；

（2）打开孔板阀放空阀时需缓慢操作，防止液体喷溅；

（3）拧松顶丝后，使用导板轻微顶开压盖，确认上阀腔内无残余气体，方可进行下步操作；

（4）拧松和上紧顶丝、取出和放入导板时应侧面操作；

（5）导板取出后应立即清洗，并及时对阀腔进行喷淋。

3.4.25 气相流量计解堵操作步骤是什么？

答：（1）将该流量计量点切换到补偿状态；

（2）将气相流量计平衡阀打开；

（3）关闭气相流量计导压管线上的取压针阀；

（4）将气相流量计放空管线导入碱桶；

（5）缓慢操作取压针阀，吹扫引压系统，无堵塞后关闭；

（6）将放空针阀关闭，打开导压管线上的取压针阀；

（7）关闭平衡阀；

（8）站控室人员观察流量，若和该井配产相符则解堵操作完成；若不一致则按照上述步骤再次解堵，解堵完成后将该流量计量点切换到正常状态。

3.4.26 气相流量计解堵操作中应注意些什么？

答：（1）操作时必须穿戴防护器具，且有人监护；

（2）在开放空针阀过程中切忌猛开；

（3）解堵过程中严格按照相关操作规程操作，防止流量计膜片损坏；

（4）严禁不关闭取压阀时，打开放空阀。

3.4.27 齿轮流量计振动法解堵步骤是什么？

答：（1）旋转计量泵排量控制旋钮，使行程显示盘指针到"100"；

（2）用防爆管钳轻敲流量计连接管线 1～2min。

如流量计瞬时仍然为 0，则按（2）进行操作。

3.4.28 齿轮流量计高压冲洗法解堵步骤是什么？

答：(1)顺时针旋转计量泵行程控制旋钮缓慢减小活塞行程直至排量在30%以下；

(2) 关闭计量泵出口阀门；

(3) 观察泵头出口压力，当计量泵出口压力高于加注管道压力时，打开计量泵出口阀门；

(4) 重复步骤(2)、(3)4~5次，如流量计瞬时仍然为0，则按方法3进行操作。

3.4.29 齿轮流量计反冲法解堵步骤是什么？

答：(1)旋转控制面板计量泵电源控制开关，停泵；

(2) 关闭流量计出口阀门；

(3) 缓慢打开泵头出口管线压力表泄压阀，将泵头出口管线内的缓释剂泄入塑料盆中；

(4) 缓慢打开流量计出口阀门，利用高压流体冲洗流量计，当听到流量计车轮飞转的声音时即可停止冲洗，这样冲洗3~4次即可；

(5) 关闭泵头出口管线压力表泄压阀；

(6) 旋转控制面板计量泵电源控制开关，启泵，如此法不行则按步骤(4)进行操作。

3.4.30 齿轮流量计清洗法解堵步骤是什么？

答：(1)关闭流量计出口阀门，打开泵头出口管线压力表泄压阀，将泵头出口管线内的缓释剂泄入塑料盆中；

(2) 拆下流量计，并将流量计拿到设备区外进行拆卸清洗；

(3) 装回流量计并关闭泵头出口管线压力表泄压阀；

(4) 旋转控制面板计量泵电源控制开关，启泵；

(5) 等泵头出口压力达到加注管线内流体压力时打开流量计出口阀门。

3.4.31 齿轮流量计解堵操作中应注意些什么？

答：(1)操作时必须穿戴防护器具，且有人监护；

(2) 运行泵出现故障时，应先启动备用泵，再关闭故障泵；

(3) 使用振动法时，力度要适中，以免损坏设备和管线，甚至造成安全事故；

(4) 使用高压冲洗法时泵的排量不能开太大，压力不能憋太高，以免泵头憋压，造成隔膜损坏和安全阀起跳；

(5) 利用反冲法时要缓慢操作，防止高压缓释剂刺出伤人；

(6) 拆卸清洗时，要等泵头出口压力完全卸掉时方可操作，残余的缓释剂要进行回收处理；

(7) 流量计解堵完成后要用棉纱和清水将现场清理干净。

3.4.32 齿轮流量计清洗步骤是什么？

答：(1)关闭流量计出口阀门，缓慢打开排污阀，将管段内的缓释剂缓慢排出并回收；

(2) 用活动扳手卸掉流量计进、出口连接螺母，拆下流量计；

（3）拆下传感器；

（4）用清水清洗流量计表面；

（5）用内六角扳手拆下紧固螺钉、金属垫圈；

（6）分离流量计上、下外壳，卸下两个齿轮和轴，对各部分进行清洗；

（7）依次安装轴、齿轮和外壳；

（8）顺着流量计箭头方向进口吹气，直到传出齿轮转动声音完成清洗；

（9）安装金属垫片，紧固螺钉；

（10）安装进、出口 O 形圈，安装流量计、传感器；

（11）投运流量计并进行数值比对。

3.4.33　齿轮流量计清洗操作中应注意些什么？

答：（1）拆卸、清洗过程中妥善保管零部件，避免丢失；

（2）紧固螺钉时要平衡紧固，避免齿轮卡死；

（3）按照箭头方向安装流量计；

（4）流量计上下壳有数字标记的一面必须在同一方向。

3.4.34　自动计量系统由哪几部分组成？

答：自动计量系统的组成从大体上分为三个部分：参数的采集、数据转换和通信、流量计算和数据处理。

3.4.35　自动计量系统如何进行参数的采集？

答：参数的采集主要是通过各种智能仪表、传感器、变送器将天然气的压力、差压和温度等实时计量参数转换成电的信号，如 4~20mA 的模拟信号、数字信号、脉冲信号、频率信号等。

3.4.36　自动计量系统如何进行数据转换？

答：现场的仪表采集的信号要传送到计算机进行处理，因为计算机只能识别 RS232 的数字信号，所有的现场采集得到的信号都要转换成 RS232 的信号，这要用到各种转换模块，现场用到的转换模块主要有：A/D 转换模块（模拟量转换成数字量的模块）、HART 网桥（主要是用于信号的分配）、485/232 转换模块等。

3.4.37　自动计量系统如何进行流量计算和数据处理？

答：所有的参数信号送到计算机参与流量计算，进行实时显示，生成报表、实时曲线显示、历史曲线显示、产生报警事件、实现数据远传等功能。

3.4.38　采用自动计量的优点？

答：（1）自动计量系统取代了传统的双波纹差压计，减少了人为的操作、取值、计算误差和双波纹差压计自身带来的误差；

（2）在集配气站系统中运行可靠，故障率低，使现场值班人员的操作、维护以及资料录取工作得以简化；

（3）微机画面实时监测、报警，可及时发现生产过程中遇到的工艺、计量等故障现象，缩短了调配气量和处理事故的时间，提高了现场的管理能力；

（4）数据远传功能使上级管理部门能随时掌握生产动态，及时调节气量，提高系统工作效率；

（5）自动计量系统的准确度与原先使用的双波纹管差压计相比有较大的提高，单台流量测量仪表经在线音速喷嘴标定，准确度均小于±10%。

3.4.39　集气站场油品取样操作步骤是什么？

答：（1）拆卸油箱堵头；

（2）用油品收集器收集所取油品至规定量并贴上标签，注明油品取样位置、型号、取样人和取样时间；

（3）安装油箱堵头。

第5节　火气检测仪表

3.5.1　固定式 H_2S 检测仪检测前应检查哪些内容？

答：（1）检查确认现场无泄漏，固定式 H_2S 检测仪状态与站控室及中控室状态一致；

（2）检查确认标气瓶压力不低于1MPa。

3.5.2　固定式 H_2S 检测仪检测步骤是什么？

答：（1）将固定式 H_2S 检测仪检测的时间、部位向所在基层单位调度和中控室汇报；

（2）卸掉待检测的固定式 H_2S 检测仪的防雨罩；

（3）将校准帽连接到 H_2S 检测仪的传感器上；

（4）软管一端与校准帽连接，另一端与减压阀连接；

（5）缓慢打开标气瓶上的针阀；

（6）待固定式 H_2S 检测仪界面所显示浓度稳定后，与站控室或中控室核对现场示值、远传示值及标气三者是否一致；

（7）观察并记录状态灯、PA/GA、报警喇叭等连锁系统的状态；

（8）如果示值不准确则用遥控器进行重新设置，然后重新标定；

（9）示值合格后，缓慢关闭标气上的针阀并卸掉软管阀；

（10）安装好固定式 H_2S 检测仪防雨罩；

（11）汇报并填写测试记录。

3.5.3　固定式 H_2S 检测仪检测中应注意些什么？

答：（1）操作时必须穿戴防护器具，且有人监护；

（2）软管与标气瓶连接处确认紧密无泄漏；

（3）工作完成后，将标气瓶针阀关紧。

第4章 腐蚀监测与防护

第1节 设备管线腐蚀监测

4.1.1 含硫气田中危害最大的腐蚀有哪些？

答：硫化物应力腐蚀，氢诱发裂纹和氢鼓泡。

4.1.2 简述腐蚀的主要危害有哪些？

答：(1)造成巨大的经济损失；
(2)造成人身伤亡事故；
(3)引起环境污染；
(4)影响正常输气生产。

4.1.3 普光气田采用联合防腐工艺包括哪些？

答：抗硫管材、缓蚀剂、阴极保护、智能清管、外防腐层、内涂层、内衬合金等。

4.1.4 防腐层的作用是什么？

答：(1)隔离作用；
(2)缓蚀作用；
(3)电化学保护作用。

4.1.5 腐蚀监测方法有哪些？

答：(1)物理测试法：电阻探针(ER)测量法、腐蚀挂片称重法、电指纹(FSM)测量法；
(2)电化学测试法即线性极化电阻探针(LPR)测量法。

4.1.6 腐蚀监测的目的是什么？

答：(1)随时掌握系统的腐蚀趋势与动态；
(2)判断腐蚀控制技术的实施效果；
(3)及时发现不正常的腐蚀因素；
(4)保证实施有效管理，及时调整各种操作因素，避免设备腐蚀加快。

4.1.7 什么是挂片法监测腐蚀速率？

答：挂片法是管道设备腐蚀检测中应用最广泛的方法之一。它是将装有试片的腐蚀结构检测装置固定在管道内，在管道运行一定时间后，取出挂片，对试样进行外观形貌和失重检查，以判断管道设备的腐蚀状况。

4.1.8 什么是电指纹法（FSM）监测技术？

答：在监测的金属段上通直流电，通过测量所测部件上微小的电位差确定电场模式。将电位差进行适当的解剖或直接根据电位差的变化来判断整个设备的壁厚减薄。

4.1.9 FSM和腐蚀挂片分别监测哪些内容？

答：（1）FSM监测焊缝位置、弯头位置的管道壁厚变化；
（2）腐蚀挂片主要监测点蚀情况、氢致开裂等。

4.1.10 腐蚀挂片监测的目的是什么？

答：（1）随时掌握系统的腐蚀趋势与动态；
（2）判断腐蚀控制技术的实施效果；
（3）及时发现不正常的腐蚀因素；
（4）保证实施有效管理。

4.1.11 腐蚀挂片取放操作前检查有哪些内容？

答：（1）检查确认安全盖是上紧的，依次取出锁定销，检查确认O形圈是完好的，给锁定销上润滑油，然后上紧；
（2）检查确认伺服阀和取放器的O形圈是完好的；
（3）观察操作管线压力，用高压软管连接液压泵和取放器，将液压泵方向阀打到"安装"位置，打压至管线压力的1.5倍，关闭头阀，泄压，拆卸软管；等待1min，压力不下降即可使用；
（4）检查确认新挂片数量足够、安装位置合适、表面无油污划痕；
（5）确认站场人员已将操作位置附近固定式硫化氢检测仪打到超驰状态，并上报区调度、厂调度和中控室；
（6）检查确认安全压盖上压力表示值为0。

4.1.12 取腐蚀挂片操作步骤是什么？

答：（1）卸下安全盖，用棉纱清理旋塞和螺纹表面。
（2）关闭伺服阀上的2个平衡阀，打开2个球阀，将伺服阀安装在法兰座上，并用防爆锤砸紧。
（3）将取放器与伺服阀进行连接。取放器连接杆对准伺服阀中心位置，把连接杆伸进伺服阀里，旋转5.5圈以上，关闭取放器上的泄压阀。
（4）用高压软管连接液压泵和取放器，将液压泵方向阀打到"取回"位置，打开头阀，开一圈即可，打压 1~2 下，上紧撞击螺帽，并用防爆锤砸紧。

（5）将液压泵方向阀打到"安装"位置，打压至管线压力 1.5 倍，关闭头阀，卸松 4 个锁定销，直到锁定销与法兰座侧面平齐；将液压泵方向阀打到"取回"位置，缓慢打开头阀，打开一圈后打压，直至液压泵上取回位置压力表上升为止。

（6）关闭伺服阀上 2 个球阀；用放空软管连接中和槽与泄压阀，打开泄压阀泄压，待取放器上压力表显示为 0 后，取下放空软管，将液压泵上方向阀打到中间位置，卸下放空软管。

（7）用防爆手锤卸松撞击螺帽，然后卸开并取下取放器。

（8）用高压软管连接液压泵和取放器，将液压泵方向阀打到"安装"位置，打压直到旋塞露出取放器外，更换挂片和密封主填料，并对挂片进行拍照。

4.1.13 安装腐蚀挂片操作步骤是什么？

答：（1）将手柄安装到取放器上，并将安装有挂片的支架安装到取放器上，将液压泵方向阀打到安装位置，打压直至压力表显示压力为 10MPa，放压，旋转取放器连接杆直至挂片平行于手柄方向为止，并在旋塞顶部做标记，标记方向平行于手柄方向。打压直到挂片进入取放器内，卸下高压软管，将取放器与伺服阀进行连接，上紧撞击螺帽，并用防爆锤砸紧。

（2）用高压软管连接液压泵和取放器，将液压泵方向阀打到"安装"位置，检查确认泄压阀处于关闭状态，打开 2 个平衡阀，再打开 2 个球阀，打压至管线压力的 1.5 倍。

（3）用放空软管连接中和槽与泄压阀，打开泄压阀泄压，待取放器上压力表显示为 0 后，取下放空软管。

（4）上紧 4 个锁定销。

（5）将液压泵方向阀打到中间位置，然后再将液压泵方向阀打到"安装"位置，打压直到压力表显示 50bar（5MPa），关闭头阀，卸下软管，用防爆锤卸松撞击螺帽，然后卸开，旋转并取下取放器。

（6）用防爆锤卸松伺服阀，卸下伺服阀，在旋塞和螺纹表面涂润滑油，上紧安全盖。

（7）用高压软管连接液压泵和取放器，将液压泵方向阀打到"取回"位置，打开头阀，打压直到连接杆进入取回装置内，将液压泵方向阀打到中间位置，卸下高压软管。

（8）做好挂片更换时间与位置及新挂片编号的记录，清理作业现场并验漏。

4.1.14 腐蚀挂片取放操作中应注意些什么？

答：（1）操作时必须穿戴防护器具，且有人监护；

（2）对伺服阀进行泄压时，必须用软管将取放器与中和桶进行连接，缓慢泄压；

（3）在上紧锁定销时，如果只上了 1/3 圈突然卡住或很容易拧动 4~5 圈，没有任何阻力，说明实心旋塞位置不正确，需要松动所有锁定销，重新安装实心旋塞和挂片，并检查安装过程中存在的问题；

（4）锁定销拆卸时在锁定销侧面操作，防止锁定销喷出伤人；

（5）在 4.1.12 取腐蚀挂片操作步骤（5）中，若将液压泵方向阀打到"取回"位置打压超过管线压力 10MPa，挂片仍不离开伺服阀位置，应将挂片重新安装进管道内，更换新的取放器再进行操作或待管道内无压力时再进行检查；

（6）操作者随时观察管线压力，及时调整取放器操作压力；

（7）在上紧锁定销的操作过程中，首先依次上 4 个锁定销到位置，但不要上紧，然后先对角上紧 2 个锁定销，再对角上紧另外 2 个锁定销，之后再重复上紧操作两遍；

（8）在安装新挂片时，需佩戴干净的防护手套进行操作；

（9）在安装方形挂片时，应将挂片的侧面迎向气流方向。

第 2 节 设备管线腐蚀检测

4.2.1 外输管道智能检测目的是什么？

答：（1）集输工艺的需要；

（2）智能清管监测技术是腐蚀监测的有效措施之一；

（3）能够有效地预测泄漏的发生；

（4）为酸气管道及时维护与检修提供数据依据。

4.2.2 如何过程监控清管器？

答：（1）缓蚀剂涂膜作业应在发球端、沿线阀室、中途集气站汇入点、收球端设置监测点；

（2）在定位监测点利用定位监测仪器监测清管器的通过状况，并实时监测管道压力变化情况；

（3）控制清管器运行速度，记录作业参数。

4.2.3 什么是电阻法监测腐蚀速率？

答：在腐蚀性介质中金属受腐蚀变薄或变细，将使其电阻增大。如果腐蚀是均匀的，则根据电阻的增加，便可计算出金属的腐蚀速率。腐蚀监测电阻法就是在运转的设备中插入装有与待测设备结构材料完全相同的测试元件所构成的探针（电阻探针），周期地测量探针电阻的变化，以监测设备的腐蚀状况。

4.2.4 电阻探针的测量原理是什么？

答：电阻探针测量法是一种以测量金属损耗为基础的测量方法，通过探头电阻值的变化来确定金属的损耗量，从而得到其腐蚀速率。

4.2.5 腐蚀控制记录基础数据包括哪些内容？

答：介质组分分析报告，压力、温度、流速等实际运行参数，管线材料、材质、规格，腐蚀控制措施和办法，系统工程或生产参数的变化。

4.2.6 腐蚀检测、控制措施、效果评价及运行维护记录包括哪些内容？

答：目视检查的日期和部位、结果，腐蚀挂片及探针监测数据和试验结果，化学分析、细菌分析等，智能清管检测和日常清管作业情况，包括日期、清管器类型、清除水和固体物的数量及所在位置，清除的腐蚀产物照片和化学分析，所用的缓蚀剂、杀菌剂及其他化学药剂的名称、类型、加注量、加注方式和加注周期等。

4.2.7　腐蚀探针取放操作前应检查哪些内容？

答：（1）检查确认安全盖是上紧的，安全盖压力表显示为0，取出一个锁定销，检查确认O形环是完好的，给锁定销上润滑油，然后上紧，依次取下另外3个锁定销，重复第一个锁定销的操作；检查确认伺服阀的O形环是完好的；检查确认取放器的O形环是完好的；

（2）观察操作管线压力，用高压软管连接液压泵和取放器，将液压泵方向阀打到"安装"位置，打压至管线压力的1.5倍，关闭头阀，泄压，拆卸软管；等待1min，压力不下降即可使用；

（3）检查确认新探针数量、安装位置是否合适；

（4）检查确认站控室人员已将要操作位置附近固定式硫化氢检测仪打到超驰状态，并向区调度、厂调度和中控室汇报。

4.2.8　取腐蚀探针的操作步骤是什么？

答：（1）卸下安全盖，用棉纱清理旋塞和螺纹表面；

（2）关闭伺服阀上的2个平衡阀，打开2个球阀，将伺服阀安装在法兰座上，并用防爆手锤砸紧；

（3）将取放器与伺服阀进行连接。取放器连接杆对准伺服阀中心位置，把连接杆伸进伺服阀里，旋转5.5圈以上，关闭泄压阀；

（4）用高压软管连接液压泵和取放器，将液压泵方向阀打到"取回"位置，打开头阀，开一圈即可，打压1~2下，让取放器下坐，上紧撞击螺帽，并用防爆手锤砸紧；

（5）将液压泵方向阀打到"安装"位置，打压至管线压力1.5倍，卸松4个锁定销，直到锁定销与法兰座侧面齐平；关闭头阀将液压泵方向阀打到"取回"位置，缓慢打开头阀，打开1圈即可，打压直到探针全部离开伺服阀位置，可尝试关闭靠近取放器一侧球阀判断；

（6）关闭2个球阀；用放空软管连接中和槽与泄压阀，打开泄压阀泄压，待取放器上压力表显示为0以后，取下放空软管，将液压泵上方向阀打到中间位置，卸下软管；

（7）用防爆手锤卸松撞击螺帽，取放器从伺服阀上卸掉，取下取放器；

（8）用高压软管连接液压泵和取放器，将液压泵方向阀打到"安装"位置，打压直到探针露出取放器外，卸下旧探针；更换新探针和密封主填料，并对取下的旧探针进行拍照。

4.2.9　安装腐蚀探针的操作步骤是什么？

答：（1）将液压泵方向阀打到"取回"位置，打压直到探针进入取放器内，卸下高压软管，将取放器与伺服阀进行连接，上紧撞击螺帽，并用防爆手锤砸紧；

（2）用软管连接液压泵和取放器，将液压泵方向阀打到"安装"位置，检查确认泄压阀处于关闭状态，打开伺服阀上2个平衡阀，再打开2个球阀，打压至管线压力的1.5倍；

（3）用放空软管连接中和槽与泄压阀，打开泄压阀泄压，待取放器上压力表显示为0以后，取下放空软管；

（4）上紧4个锁定销；

（5）将液压泵方向阀打到中间位置，然后再将液压泵方向阀打到"安装"位置，打压直到压力表显示 50bar（5MPa），关闭头阀，卸下高压软管，用防爆手锤卸松撞击螺帽，然后卸开撞击螺帽，旋转并取下取放器；

（6）用防爆手锤卸松伺服阀，卸下伺服阀，在旋塞和螺纹表面涂润滑油，上紧安全盖；

（7）用高压软管连接液压泵和取放器，将液压泵方向阀打到"取回"位置，打开头阀，打压至连接杆进入取放器内，关闭头阀，将液压泵方向阀打到中间位置，卸下高压软管；

（8）对新装腐蚀探针进行测试，并对安装位置进行气密验漏。

4.2.10　腐蚀探针取放操作中应注意些什么？

答：（1）操作时必须穿戴防护器具，且有人监护；

（2）对伺服阀进行泄压时，必须用软管将取放器与中和桶进行连接，缓慢泄压；

（3）在上紧锁定销时，如果只上了 1/3 圈突然卡住或很容易拧动 4~5 圈，没有任何阻力，这说明实心旋塞位置不正确。需要松动所有锁定销，返回到重新安装实心旋塞和探针，并检查安装过程中存在的问题，锁定销拆卸不能拆卸过多，同时，操作时在锁定销侧面操作，防止锁定销喷出伤人；

（4）在操作取探针时，若将液压泵方向阀打到"取回"位置打压超过管线压力至 10MPa，探针仍不离开伺服阀位置，应将探针重新安装进管道内，更换新的取放器进行操作或者留待管道内无压力时再进行检查；

（5）操作者随时检查操作管线压力变化，否则会导致泄漏并伴有危险；

（6）在上紧锁定销的操作过程中，首先依次上 4 个锁定销到位置，但不要上紧，然后先对角上紧 2 个锁定销，再对角上紧另外 2 个锁定销，之后再重复上紧操作 2 遍；

（7）做好探针更换时间与位置的记录；

（8）在安装新探针时，佩戴干净的防护手套进行操作。

4.2.11　PCM+管道电流测绘仪操作前应检查哪些内容？

答：（1）检查确认 PCM+接收机的电量充足；

（2）检查确认 PCM+管道电流测绘仪的随机配件齐全。

4.2.12　PCM+管道电流测绘仪操作步骤是什么？

答：（1）发射机操作：

① 清理待测管道表面锈蚀，将 PCM 发射机箱盖打开；

② 将白色引线连接到管道上，绿色引线连接接地线在垂直待测管道约 50m 处接地；

③ 将白色、绿色引线插头插入（Dutput）插座内顺时针方向旋转拧紧；

④ 将 24V 蓄电池电源插头插入发射机电源（Dcinput）插座内顺时针方向旋转拧紧，红、黑色线分别接至电池正负极（220V 交流电电压插入 ACM 插座内）；

⑤ 并发射机开关"ON/OFF"键打至"ON"位置；

⑥ 根据需要频率选择 3 档开关 ELF、ELCD、LFCD 打至与接收机相对应的档位，通常情况下选择 ELCD 档；

⑦ 电流选择（Outputlevel）六档，根据工作需要及现场情况自行选择。

（2）接收机操作：

① 按下接收机"ON/OFF"键；

② 按下方式键"f"选择接收机的工作方式进行工作（与发射机同时使用时二机信号标志对应 ELF、ELCD、LFCD，单独使用按方式键调至高压标志）；

③ 音量调节：按"ON/OFF"键直至出现静音"VOLO"，再按上档键"↑"可获得需要的音量；

④ 转换所需接收机的峰值/零值测量方式"Peak/Null"，按下该键就可以自由选择；

⑤ 需要测试管线深度时，按下测试键"Depth"就可以测出管线深度；

⑥ 在操作时，信号强弱由微调旋钮自行调节，顺着管线进行测试。

（3）定位管道或者电缆通过不同的模式和频率，使用 PCM+可以定位管道或者电缆。

① 感应频率：使用感应频率时不需要发射机。当无法使用发射机探测导线时，可选择感应频率。PCM+接收器可以探测以下频率：a. 来自电力线缆的 50Hz 或者 60Hz 频率；b. 阴极保护信号的(10)0Hz 或者 120Hz 频率；

② 探测频率：需要使用雷迪发射机给管线或者电缆施加定位信号。PCM+可以探测各种有源频率，如 PCM+TX 可传输的频率；

③ 定位过程：使用接收机，选择一个定位模式。注意：如果选定了一个定位模式，使用雷迪发射机感应来自目标地点的频率，或者直接感应来自电缆或者管道的频率。a. 将 PCM 接收机垂直进行区域扫测，继续扫测选定点以外区域，扬声器发出来的声音和条形图，显示埋地管线或者电缆的存在。b. 保持接收机机身垂直，沿管线缓慢地前后移动。降低增益灵敏度以获得更窄的响应，将使管线探测更精确。当接收机位于导线正上方，灵敏度设计为窄带宽响应，沿中心线摆动接收机直接找到最小信号，此时机身位于目标管线正上方；

④ 深度测量：定位电缆时，接收器将通过英制或公制自动显示深度。在 8KFF 模式下没有深度测量功能。

4.2.13 PCM+管道电流测绘仪操作中应注意些什么？

答：（1）清理管线表面锈蚀要干净；

（2）引线连接要良好、准确；

（3）插头插入部位准确、拧紧；

（4）档位要对应；

（5）发射机工作时手不能接触夹钳和接地桩；

（6）收仪器时应先关闭电源再拔出接地桩；

（7）关机后禁止各种电线放在接收机散热器上；

（8）接地桩打在距管线 50m 以外的地方，并保证接地良好；

（9）检查盒内电池电量；

（10）选择接收机的工作方式键与发射机的信号对应，单独使用时方式键调至高压标志；

（11）需要所得喇叭(静音)峰值/零值深度方式要准确。

4.2.14 阴极保护电位测试前应检查哪些内容？

答：（1）检测前认真检查所用仪器，便携式参比电极内部必须为饱和硫酸铜溶液（液体和硫酸铜固体并存），并充满容积的 1/2 以上；

（2）数字万用表必须灵敏可靠。

4.2.15 阴极保护电位测试步骤是什么？

答：（1）测试前清理干净参比电极底端的固体和杂质，将参比电极插入管道顶部上方 1m 范围的地表潮湿土壤中，保持参比电极与土壤电接触良好。

（2）打开数字万用表，将量程选择在直流 3V 电压测试档，将黑色探针接在参比电极上，红色探针接在测试桩接线柱上，读取测量数据，并记录。当发现保护电位达不到或超过允许范围时，及时向上级汇报。

（3）对于腐蚀比较严重的地段，测试时应在管道上方距测试点 1m 左右挖一安放参比电极的深坑，将参比电极置于距管壁 3~5cm 的土壤上，用电压表调至适当量程，测量数据。

（4）测量强制电流阴极保护受辅助阳极地电场影响的管段，应将参比硫酸铜电极朝远离地电场源的地方逐次安放在地表上，第一个安放点距管道测试点不小于 10m。以后逐次移动 10m，用数字万用表测量电位，当相邻两个安放点测试的电位差小于 5mV 时，参比电极不再往远方移动，取最远处的管地电位值为该点的管道对远方大地的电位值。

（5）认真记录测量数据，并按要求向上级汇报。

第3节 设备管线腐蚀控制

4.3.1 恒电位的极化电源输出+端子接什么？

答：辅助阳极。

4.3.2 外加电流的保护方式，特别适合于什么的外壁防腐？

答：埋地金属管道。

4.3.3 金属土壤腐蚀的特点是什么？

答：土壤腐蚀的特点：土壤腐蚀具有多相性；土壤具有毛细管多孔性；土壤具有不均匀性；土壤具有相对的固定性。

4.3.4 强制电流阴极保护是什么？

答：（1）强制电流阴极保护是在回路中串入一个直流电源；

（2）借助辅助阳极，将直流电通向被保护的金属；

（3）进而使被保护金属变成阴极，实施保护。

4.3.5 选用阴极保护方式时主要考虑的因素有哪些？

答：(1)保护范围的大小；
(2)土壤电阻率的限制；
(3)周围邻近的金属构筑物的影响；
(4)金属表面覆盖层的质量；
(5)可利用的电源因素；
(6)经济性。

4.3.6 外加电流阴极保护站主要由哪些部分组成？

答：外电电流阴极保护站主要由电源设备、辅助阳极、阳极线路、通电点装置、电绝缘装置、参比电极、检测装置、跨接均压线等装置组成。

4.3.7 阴极保护系统主要由那些部分组成？

答：阴极保护系统主要包括：恒电位仪、控制台、辅助阳极地床、防爆接线箱、长效 $Cu/CuSO_4$ 参比电极、氧化锌电涌保护器及各类电缆等。

4.3.8 阴极保护的主要测量参数有哪些？

答：阴极保护的主要测量参数有电位测量、电流测量和电阻测量。
电位测量是阴极保护监控、评价的主要指标。根据保护电位的数据可确定管线的保护水平，确认腐蚀位置，发现杂散电流干扰地方及相邻金属结构干扰程度，可以用于预测管线腐蚀，提高管理水平。
阴极保护度取决于电解液/结构接触面的外加电流密度，要使整个结构都得到阴极保护，则在结构各处都要有均匀的电流密度。
电阻测量包括土壤电阻率测量和外防腐层电阻测量，以及绝缘性能测量。

4.3.9 普光气田阴极保护系统优点有哪些？

答：(1)普光气田阴极保护系统自动化程度较高；
(2)采用了阴极保护远程智能监测系统；
(3)能够有效阻止管道外部受到环境的腐蚀；
(4)减轻了人员现场测量数据的工作量；
(5)随时都可从阴极保护服务器中读取任一测试桩电位；
(6)便于现场腐蚀管理。

4.3.10 金属防腐缓蚀剂的一般要求是什么？

答：(1)用量少，保护效率高，不影响产品质量；
(2)不会造成工艺过程中的起泡、乳化、沉淀、堵塞等副作用；
(3)使用方便，溶解性和分散性好；
(4)原料易得，成本低廉；毒害性小，对环境污染少。

4.3.11　影响金属硫化氢腐蚀的因素是什么？

答：影响硫化氢腐蚀的因素有硫化氢浓度、pH 值、温度、压力、液体烃类等。同时在硫化氢等腐蚀性介质存在的情况下，烃-水相和气-液相界面对于钢材产生严重的局部腐蚀。但必须指出，含硫天然气腐蚀性的决定因素是天然气中硫化氢的分压，而不仅是硫化氢的浓度。

4.3.12　什么是金属防腐缓蚀剂，主要包括哪些种类？

答：在腐蚀介质中加入少量某种物质，它能使金属的腐蚀速率大大降低，这种物质称为缓蚀剂或腐蚀抑制剂。主要包括阳极型缓蚀剂、阴极型缓蚀剂和混合型缓蚀剂三种类型的缓蚀剂。

4.3.13　缓蚀剂为什么能减缓管道内壁腐蚀？

答：缓蚀剂又称腐蚀抑制剂，是指将一些抑制金属腐蚀的物质，少量地添加到腐蚀环境中，在金属与腐蚀介质的界面产生阻滞腐蚀进行的作用，从而有效的减缓或阻止金属腐蚀。由于使用量很少，介质环境的性质基本上不会改变，也不需要太多的辅助设备，把缓蚀剂注入管道，它在管壁上形成一层致密保护薄膜，使管道中的水或腐蚀介质不能与管壁直接接触，腐蚀就无法进行，所以缓蚀剂能减缓管道内壁腐蚀。

4.3.14　普光气田如何进行管道内防腐？

答：（1）采用连续加注和批处理方式分别实施药剂加注。

（2）一般在井口和外输管线处分别注入缓蚀剂，并通过水质分析和腐蚀监控等手段来检测防腐效果。普光气田腐蚀速率控制在 0.076mm/a 以下。

4.3.15　缓蚀剂的作用是什么？

答：（1）缓蚀剂加注可以减缓管道内壁腐蚀速率；

（2）缓蚀剂批处理时会在管道内壁上形成 0.076mm 的涂膜。

4.3.16　缓蚀剂缓蚀效果的影响因素有哪些？

答：（1）溶解度的影响。

（2）温度的影响：①温度升高，缓蚀效率显著下降；②在一定范围内，缓蚀率不随温度升高而改变。

（3）介质流动速度对缓蚀作用的影响：①流速加快，缓蚀速率降低；②介质流速对缓蚀效率的影响，在不同使用浓度时，还会出现相反的变化。

4.3.17　缓蚀剂用量与缓释效果有何关系？

答：（1）金属的腐蚀速率随缓蚀剂用量增加而降低；

（2）缓蚀剂的浓度和金属腐蚀速率的关系存在极限值。

（3）缓蚀剂用量不足会加速金属腐蚀。

4.3.18 缓蚀剂的分类办法？

答：（1）按照电化学作用机理分为：阳极型缓蚀剂、阴极性缓蚀剂和混合型缓蚀剂。

（2）按照缓蚀剂形成保护膜特征分为：氧化膜型缓蚀剂、沉淀膜型缓蚀剂和吸附性缓蚀剂。

（3）根据缓蚀剂的使用介质分为：酸性介质缓蚀剂、碱性介质缓蚀剂、中性介质缓蚀剂。

（4）根据缓蚀剂的化学组成分为：有机类缓蚀剂和无机缓蚀剂。

4.3.19 缓蚀剂控制由哪三部分组成？

答：（1）预涂膜缓蚀剂：在系统投产前利用清管器携带油溶性缓蚀剂对站外集输管线内壁进行预涂膜。

（2）连续加注缓蚀剂：在每个井的井口处进行连续缓蚀剂加注。加注位置分别设在每口单井一级节流后管段，以及酸气管线出站发球筒前管段。

（3）批处理缓蚀剂：为了增强连续加注缓蚀剂的保护效果，结合腐蚀监测的情况，每年采用油溶性缓蚀剂进行 4 次处理。

4.3.20 缓蚀剂的选用原则是什么？

答：（1）应根据所要防护的金属及其所要处的腐蚀性介质性质来选取不同的缓蚀剂；

（2）选用的缓蚀剂应与腐蚀介质具有较好的相容性，且在介质中具有一定的分散能力，才能有效达到金属表面，发挥缓蚀功能；

（3）缓蚀剂的用量要少，缓蚀效果要好，才能使缓蚀剂具有经济性。

4.3.21 移动加注橇块操作前应检查哪些内容？

答：（1）检查橇块接地线与电源线无破损；
（2）检查移动橇是否有化学品残余，复核上次作业日志，确保无化学品兼容；
（3）检查确认移动橇柱塞泵处于完好状态；
（4）检查确认所有需要的部件到位，确认过滤器清洁；
（5）确保关闭所有连接在储存罐和管道上的阀门；
（6）检查皮带张紧度，松紧适度，盘车 3~5 圈；
（7）检查确认各部位连接螺栓紧固、连接卡子无松动现象；
（8）检查曲轴箱内液面，按规定过滤加注合格的润滑油，油面不超过上限指示和低于下限指示，应保持油位在 1/2~2/3 为宜；
（9）检查确认发球筒缓蚀剂加注口球阀处于关闭状态。

4.3.22 移动加注橇块操作步骤是什么？

答：（1）将移动橇的接地电缆连接现场专门接口，以确保作业期间消除静电危害；
（2）将移动橇动力电源线与现场防爆接线箱正确连接；

（3）检查流量计显示，进行本次操作归零；

（4）根据移动橇吸入端和缓蚀剂、柴油的储存桶的距离，取出吸入软管，一端连接到橇车吸入口阀门上，另外一端连接到储存桶；

（5）打开进柱塞泵前的2个球阀，打开前后罐其中1个进口阀门；如果一次处理量大于2000L，打开2个罐之间的联通阀门，以增加处理容积；

（6）按下配电控制箱按钮，启动柱塞泵；

（7）打开罐进口阀门吸入一定量的缓蚀剂和柴油到指定的罐内（可以根据桶数测量或者流量计精确计量）；

（8）在完成吸入所有缓蚀剂和柴油后，继续保持泵运行约1~2min，排空吸入段软管内全部残余液体；

（9）关闭进口阀门后，按下控制箱停止按钮；

（10）打开泵出口阀、罐出口阀，启动柱塞泵，保持运行状态，关闭柱塞泵进前后罐的2个球阀；

（11）根据移动橇加注端和发球筒加注点的距离，取出加压软管，一端连接到泵出口阀门上，另外一端连接到发球筒加注点上；

（12）确保缓蚀剂加注点压力为常压，在启动高压柱塞泵前，确保发球筒直管段放空阀门及加注口球阀已经打开，以便直管段内的空气在加注的同时缓慢排出，并派专人观察，直管段放空阀门有液流出后关闭放空阀门；

（13）完成规定量的缓蚀剂加注后，关闭加注点控制阀，关闭高压泵出口阀门；

（14）小心地断开高压软管和加注点的连接；

（15）完成作业后，断开电源和接地电缆，关闭橇块各阀门和软管储存筒的阀门，确认无缓蚀剂跑冒滴漏现象，收集工用具，清理现场；

（16）填写作业日志，包括作业日期，出发时间，作业人，作业地点，移动橇状况、完成时间，作业内容，有无调整等。

4.3.23 移动加注橇块操作中应注意些什么？

答：（1）操作时必须穿戴防护用具，且有人监护；

（2）发生缓蚀剂液体溅入眼部或皮肤时，立即用大量清水冲洗；

（3）吸入作业时，应随时观察液位计或流量计，防止冒罐，污染环境；

（4）作业时应在易泄漏或流失的地方铺设塑料布和残液桶；

（5）应定期清洗加注橇储液罐（推荐用轻质凝析油、柴油或者甲醇少量多次进行系统冲洗）；

（6）注意各个阀门的开关位置，防止超压憋压；

（7）保证接地电缆的可靠接地；

（8）及时填写设备运转记录；

（9）加注完成后将球筒加注口盲板隔断。

第 4 节　硫沉积防治工艺

4.4.1　元素硫在地层中的沉积必须具备哪些关键因素？

答：（1）元素硫在天然气中以饱和状态存在；
（2）压力或温度的下降必须使酸性气体中硫的溶解度降低；
（3）存在硫沉积的孔隙空间体积；
（4）气流对析出的硫的冲刷作用不至于使其运移。

4.4.2　硫沉积的原理是什么？

答：在开发过程中，硫随着天然气从储层进入油管和沿着油管往上流向井口时，由于温度和压力条件的改变，硫在含硫天然气内的溶解度随着局部温度和压力的降低而下降，致使经常发生单质硫及固体的高级多硫化物析出，沉积在井筒及设备表面。

4.4.3　防止和解除硫沉积的方法主要有哪些？

答：解决硫沉积的方法主要有：发生化学反应、加热熔化、用溶剂溶解等。

第 5 节　水合物预测与防治

4.5.1　什么是水合物？

答：水合物是在一定压力和温度条件下，天然气中某些气体组分能和液态水生成的一种不稳定的、具有非化合性质的晶体，分子式由一个分子的烃与多个分子的水组成，外观类似松散的冰或致密的雪。

4.5.2　天然气水合物的物理性质？

答：（1）水合物是天然气中的某些组分与水在一定条件下形成的一种白色晶体，外观形似松散的冰或致密的雪；
（2）水合物的密度为 $0.8\sim0.9g/cm^3$；
（3）天然气水合物是一种笼形晶状包络物，即水分子借氢键结合成晶格，而气体分子则在分子力作用下被包围在晶格笼形孔室中；
（4）水合物极不稳定，一旦条件破坏，即迅速分解为气和水。

4.5.3　水合物的生成条件是什么？

答：水合物的生成条件有：
（1）液态水的存在；
（2）低温；

（3）高压；

（4）流动条件的突变，如高流速，压力波动，气流方向改变时结晶核存在引起的搅动。

4.5.4　水合物形成的原因是什么？

答：天然气处于水汽过饱和状态或者有液态水的存在，有足够低的温度；辅助条件是压力的波动、气流的速度和方向改变的地方，即气流的停滞区容易生产水合物；H_2S 和 CO_2 等酸性气体的存在，有助于水合物的形成。

4.5.5　防止和解除水合物堵塞的方法有哪些？

答：提高节流前天然气温度、加注防冻剂、干燥气体、降压等方法可防止和解除水合物堵塞。气藏高含 H_2S，作业危险性很大，多采用加注防冻剂法。

4.5.6　什么是加热解堵法？

答：在已形成水合物的局部管段，利用热(热水、蒸汽等)加热天然气，提高气流温度，破坏天然气水合物的形成条件，使已形成的水合物分解并被气流带走，从而解除水合物在局部管段上的堵塞。

4.5.7　什么是降压解堵法？

答：在已形成水合物的管段，用特设的支管，暂时将部分天然气放空，降低管压力，破坏天然气水合物的形成条件，即降低了形成水合物的温度，使已形成的水合物分解，从而解除水合物在管道的堵塞。

4.5.8　水合物在采气中的危害？

答：(1)水合物在油管中生成时，会降低井口压力，影响产气量，妨碍测井仪器的下入；

（2）水合物在井口节流阀或地面管线中生成时，会使下游压力降低，严重时堵死管线，造成供气中断或引起上游设备因超压破裂。

第 5 章

常见故障与排除

第1节 气井参数异常及解决措施

5.1.1 普光某站–总站管道清管产液量过多的原因和解决办法是什么？

答：该集气站的气井有液体出现，导致该集气站到集气总站所在线路管道中可能大量积液，并在各阀室之间的管线内存在积液管段，在进行管道清管过程中，管线积液被直板球清出，使直板球进入总站瞬间，下游管线液量猛增。

处理办法：

（1）提高总体配产，在作业前进行管线积液吹扫；

（2）降低直板球运行速度，减少直板球前端积液量；

（3）加强大量产液井站的拉液工作；

（4）灵活、分区段调配清管气量，达到最优清管。

5.1.2 普光某路线缓蚀剂批处理作业过程中管道憋压问题的原因和解决办法是什么？

答：管线憋压是因为批处理球卡球造成流程堵塞。

处理办法：

（1）根据管线压力上升情况和涂膜球运行时间确定初步判断卡球位置；

（2）对球筒区流程恢复至正常生产流程。

5.1.3 套管泄压流程管汇台堵头渗漏的原因和解决办法是什么？

答：闸阀内漏严重，且堵头安装位置松动，两个因素均可导致堵头处发生硫化氢泄漏。

处理办法：

（1）关闭该井 2# 、5# 阀门停止泄压；

（2）对管汇台压力进行放空，随后将该堵头拆下，缠绕密封胶带后，重新进行安装、紧固，经试验不漏。

5.1.4 某集气站井口堵塞问题的原因及处理办法是什么？

答：节流阀堵塞：在气井长期停产后，管线内的流态硫会逐渐凝结干涸，在管道弯头位置极易形成堵塞，对内径较小管线尤为明显。

处理办法：

（1）对现场切换流程将加热炉二、三级间压力、温度较高的天然气反吹至井口堵塞区，在反吹结束后，对井口加压，开启井口放空，如果压力下降依旧不明显（每分钟下降约0.03MPa），就采取对堵塞管线进行敲打方式进行解堵；

（2）对全站进行放空，然后拆卸井口甲醇加注口，对堵塞管线进行溶硫剂加注。通过打开井口压力表放空，在确认井口管线内压力为0MPa后，现场人员关闭井口镍基闸阀，关闭二、三级节流阀，保持井口放空常开，开始井口甲醇加注口拆除作业，如果发现加注口内有大量单质硫沉积(图5-1)就说明液态硫会逐渐凝结干涸，在管道弯头位置极易形成堵塞；

图5-1　井口甲醇加注口堵塞情况

（3）现场人员开始进行溶硫剂加注作业，在对管线内加注约22L溶硫剂后，可根据溶硫剂从甲醇加注口溢出和井口管容的计算判断堵塞位置距加注口下游管线的距离。在对甲醇加注口进行恢复后，开始从井口对堵塞管线进行升压，升压前为防止流程解通后，堵塞物及溶硫剂被冲至二级节流阀处，对井口BDV进行了开启。随后，现场人员开井对井口堵塞管线进行充压，如果火炬出现猛烈放空，说明堵塞管线解堵成功。

5.1.5　集气站加热炉出口温度低导致关断的原因及处理办法是什么？

答： 加热炉燃料气ESDV阀位反馈ZSO的负极信号线存在接地现象。

处理办法：重新更换备用线缆后，正常启动加热炉，当燃料气ESDV全开后，其状态反馈在人机界面显示正常，随后温控阀根据相关温度参数自动打开。

5.1.6　如何用采气曲线划分气井生产阶段？

答： (1)纯气井生产阶段的划分：①净化阶段；②稳产阶段；③递减阶段；④低压生产阶段。

（2）气水同产气井生产阶段的划分：①无水采气阶段，即净化阶段、稳定生产阶段、递减阶段；②气水同产阶段，即利用自身能量带水采气、利用工艺措施排水采气。

5.1.7　纯气井各生产阶段主要特征有哪些？

答： (1)净化阶段：刚投产气井的压力下降快或产量小，产层得到有效净化后，压力或产量均有一定幅度的回升，气井有产水量，但所产水量一般不多，水量呈逐渐下降趋势，并非为产层本身出水；

（2）稳产阶段：产气量相对稳定，但井口呈有规律下降的趋势；

（3）递减阶段：产量和压力都出现明显下降，气井不能保持相对稳定的生产；

（4）低压生产阶段：当井口油压逐渐下降，气井的能量不足时，进入间歇生产阶段，或者增压强化开采阶段。间歇生产阶段表现为生产油压接近输压，气井需要关井复压后才能开井生产，气井生产不能连续生产。增压开采阶段表现为生产油压低于输压的时候还能连续生产，产气量可能上升，但压力下降趋势更明显。

5.1.8 气水同产井各生产阶段主要特征有哪些？

答：（1）无水采气阶段的主要指标是气井没有产水，或者产出的水不是连续的地层水（如凝析水），氯根含量不高，日产水量少，井口的油、套管压差小。若气井生产中出现地层水后，氯根含量高，日产水量相应增多，井口的油、套管压差逐渐明显增大，则应划分气、水同产阶段；

（2）气水同产期的相对稳产阶段主要指标是井口压力、日产气量、气水比相对稳定。若气井的日产气量或井口压力递减很快或井口压力、日产气量都下降较快，气水比增加，仅靠气井自身能力出现带液困难，则应视为递减阶段；

（3）低压生产阶段的主要指标，是井口流动压力较低，产出气量相对减少，表现在生产套油压差进一步增加，气井靠自身能量不能连续带液，井筒出现积液。采用的后期增产措施有：泡排措施、气举阀排水、连续小油管排水等，采取这些措施后，气井带液能力改善，产水量又达到相对稳定，生产套油压差缩小，气井生产时间延长。为提高采收率，通过论证可建立压缩机站采气生产。

第2节　气井设备故障及解决措施

5.2.1 连通线电阻探针产生渗漏的原因和解决办法是什么？

答：电阻探针（国产）与大盖不匹配，探针坐落不到位，导致渗漏。

处理办法：对该处电阻探针的大盖进行更换安装，调试可正常生产。

5.2.2 电阻探针发生故障的原因和解决办法是什么？

答：探针底部陶瓷类密封填料在探针运行过程中可能出现破损，酸气进入探针内部，渗入内部聚四氟乙烯填料，使填料腐蚀膨胀，填料膨胀体积增大，将底部挤出探针本体，突出外部的电阻元件受气流冲击脱落，造成电阻探针损坏。

处理办法：可对其进行更换新探针处理，更换新探针后现场测试，如果探针运行正常说明问题得到解决。

5.2.3 火炬分液罐装车管线堵塞的原因和解决办法是什么？

答：由于气井产出液和杂质长期在管线内流动性变差，管线固体物质长时间沉积容易形成堵塞。

处理办法：

（1）将燃料气橇块临时吹扫气引至火炬分液罐装车口，管线堵塞后用燃料吹扫进行解堵；

（2）火炬分液罐装车口可以实现速度解堵，运行效果良好。

5.2.4　某管线缓蚀剂批处理作业过程中泥沙过大的原因和解决办法是什么？

答： 由于该管线可能存在出水气井，气井产出的单质硫和其他杂质等混合物在管道运行中积累形成。

处理办法：

（1）对泥沙固体物利用编织袋进行集中收集，送至污水处理站；

（2）保证作业现场的清洁环保，并对固体物质进行采样、送检；

（3）经过集中收集清理，处理后达到清洁的效果。

5.2.5　普光某站收球筒快开盲板开关困难的原因和解决办法是什么？

答： 气井产出的单质硫和其他杂质等混合物进入球筒快开盲板部件间隙，主要是锁块和法兰内槽存在大量杂质混合物，影响锁块伸缩的行程，导致快开盲板开关困难。

处理办法：对快开盲板进行解体，拆卸清洗，对快开盲板的组成部件进行拆卸，清理锁块、法兰内槽等部位的杂质，并用汽油对各部件进行清洗，保养完成后重新组装，并装回球筒使用。

5.2.6　某井 7# 阀门阀盖处渗漏的原因和解决办法是什么？

答： 根据泄漏点位置，判断原因为阀盖松动，造成金属密封圈未完全密封。

处理办法：关井后，将该井地面安全阀关闭。对采气树上半部分进行泄压放空，压力泄为 0 后，对阀盖处螺栓进行紧固。再对阀板加注密封脂，解决渗漏问题。

5.2.7　普光某集气站 ESDV 阀体压帽渗漏的原因及处理办法是什么？

答： 原因：

（1）阀门在开关过程中酸气进入上腔，阀盖密封长期在酸气环境下出现密封失效，导致阀盖紧固螺栓有酸气漏出；

（2）过站 ESDV 和出站 ESDV 阀盖密封失效。

处理办法：

（1）技术人员在上报区调度室的同时，指挥集气站人员停止充压，到现场对流程进行泄压放空；

（2）依次对阀盖紧固螺栓、过站 ESDV 和出站 ESDV 阀盖密封进行验证并更换漏气部件。

5.2.8　普光某集气站外输 ESDV 气缸排气口渗漏的原因及处理办法是什么？

答： 原因是仪表风气缸内活塞密封圈损坏。

处理办法：

（1）使用 H_2S 检测仪检测该气体后如果发现气体内不含 H_2S 气体，可结合现场情况及图纸判定泄漏的气体来源可能为仪表风；

（2）平时活塞左侧气缸内无压力，该排气口为开阀时用于排放气缸内活塞左侧空间内的气体，判定为气缸内活塞密封圈损坏，仪表风进入活塞左侧气缸，活塞在运动过程中将气缸另一侧余气从排气口排出。

5.2.9　普光某集气站燃气发电机电加热器烧毁的原因是什么？

答：（1）在冬季，加热器为发动机冷却液进行加热，即发动机本体加热，保证机组在冬季启动迅速；

（2）经过长时间连续的加热使用，在夏天高温天气时也同时加热，长期加热导致烧坏电加热器。

5.2.10　普光某集气站火炬分液罐腐蚀加剧的原因及处理办法是什么？

答：原因：火炬分液罐在日常生产运行过程中罐内留存部分酸液，酸液长时间沉积形成结垢产生垢下腐蚀。处理办法：鉴于上述情况，对火炬分液罐进行修复。

5.2.11　井口分离器排液流程阀门内漏的原因及处理办法是什么？

答：原因：分酸分离器排液自动、手动阀门均内漏。

处理办法：进行批处理时，对井口分离器自动及手动排液流程靠近分离器一端的两台DN501500LB 球阀进行更换。

5.2.12　普光某集气站返回气管线渗漏的原因及处理办法是什么？

答：原因：返回气管线球阀关闭不严，同时单向阀起不到应有的作用。
处理办法：
（1）对返回气球阀进行反复开关后关闭，渗漏有一定缓解；
（2）待站内放空完成后拆卸返回气球阀，将卡死止回阀的东西取出后恢复安装，恢复正常。

5.2.13　普光某集气站井口放空管线腐蚀的原因及处理办法是什么？

答：原因：手动放空管线及汇管低洼地带容易积液、积垢，加快管线腐蚀。

处理办法：对井口放空管线进行更换，检测合格后投入使用，同时对井口放空管线加装吹扫流程。

5.2.14　加热炉故障的主要原因有哪些？

答：（1）高压发生器接地，点不燃长明灯；
（2）热电偶坏，不能启炉；
（3）点火枪内脏污多，导致长明灯供气不足；
（4）点火控制器 BMS 电路板坏，不能启炉；
（5）燃气比不合理，导致频繁熄火；

（6）温控阀定位器故障，导致主燃料气进气不足或不能进气；

（7）Prosoft 通信卡故障，导致加热炉与上位机通信中断。

5.2.15　破管检测器故障的主要原因有哪些？

答：（1）压力传感器坏或引压管堵塞，导致压力值显示过低或过高；

（2）BV 阀主板坏，导致压力值过高或通信故障；

（3）串口服务器坏，导致上位机数据无刷新。

5.2.16　浮筒液位计故障的主要原因有哪些？

答：（1）浮筒内有积垢，影响机械力传动，导致液位显示不准；

（2）机械连杆（浮筒力臂和扭力管）变形、松动、腐蚀，导致标定不成功。

5.2.17　激光对射探测器故障的主要原因有哪些？

答：（1）收发端未对准，导致外光路无信号；

（2）收发端中间有障碍物，如角反射镜里有蜘蛛网、杂物，隧道中有沥青挂丝等，导致外光路无信号；

（3）光纤接头松动或光纤损坏，导致外光路无信号；

（4）光电接收模块坏，导致内光路无信号；

（5）激光发送器故障，发出激光信号弱，导致内光路无信号。

5.2.18　周界报警故障的主要原因有哪些？

答：（1）Honeywell 控制主机 2316puls 通道坏，引起报警；

（2）玺天 H 型激光探测器电路板烧坏，引起报警；

（3）玺天 H 型激光检测器收发端之间有障碍物（如杂草、树枝、施工），引起报警。

5.2.19　外输流量计故障的主要原因有哪些？

答：（1）引压管堵塞，导致流量测量不准；

（2）变送器通信模块坏，导致不能与上位机通信。

5.2.20　漩进旋涡流量计故障的主要原因有哪些？

答：（1）通信模块坏，导致上位机无流量显示；

（2）主板坏，导致上位机无流量显示；

（3）电流模块坏，导致输出电流信号异常，上位机与现场显示值不一致。

5.2.21　有毒气体探测器故障的主要原因有哪些？

答：（1）电路板坏，主要由于雷击；

（2）传感器坏；

（3）浪涌坏。

5.2.22 加热炉酸气流量计上位机流量与变送器明显不符的原因和处理办法是什么？

答：原因：

(1) 孔板安装反向；

(2) 正压侧引压管堵塞；

(3) 变送器故障；

(4) 变送器参数设置错误。

处理办法：

(1) 向采气区技术员了解情况，变送器是否损坏；

(2) 在开关五阀组后确定孔板是否装反；

(3) 用电脑连接变送器，打开 3095Configurator User Interface 软件，连接通信，查看变送器参数配置，差压补偿值是否正确；

(4) 更改 Offset Trim 值，把 21 改为 0，确认、保存。

5.2.23 触摸屏黑屏，无法操作的原因和处理办法是什么？

答：原因：

(1) 触摸屏供电电源故障；

(2) 触摸屏故障。

处理办法：

(1) 首先测量供电电压是否正常，若正常说明电源正常；

(2) 检查电路板其他元件是否有烧黑现象导致的接触不良；

(3) 立即修复并恢复安装；

(4) 送电后绿色电源指示灯亮，显示面板正常，工作人员能正常操作。

5.2.24 阀室机柜间 PLC 触摸屏 BV 阀压力等数据没有传到 RTU 显示面板上的原因和处理办法是什么？

答：原因：

(1) BV 阀破管检测装置故障；

(2) RTU 机柜的串口服务器故障或浪涌保护器损坏。

处理办法：

(1) 通知中控室，得到同意后将 BV 阀切换到手动开位置；

(2) 用电脑通过 Modscan32 扫破管检测装置确认通信能否扫通，若不能，更换新的破管检测装置后再试；

(3) 将 RS485 通信线接到串口服务器上，看绿灯和橘红色灯是否一起闪烁，若不是，说明串口服务器故障，更换后重试；

(4) 检查发现通信卡上面的收发包闪烁是否正常，若不正常，将电源断电重启。

5.2.25 集气总站色谱分析仪无数据输出的原因和处理办法是什么？

答：原因：(1) 色谱的故障类别大体分为：内部硬件故障、内部软件故障、辅助系统故障、人为操作不当等。(2)看色谱系统报警记录，发现报警代码有 331、333、671、687，各报警代码的详细信息如下表：

报警编号	信息	描述	建议解决的方案
331	运行方法：没有为方法通道：3%找到检测器或者不良状态	数据库与 SNE 的链接无效	检查 SNE 和 SYSCON 之间线缆，检查 SNE 上的 LED，以确定 SNE 是否正在运行
333	运行方法：没有为方法通道：3%找到检测器或者不良状态	在无效的检测器上有实时谱图，或者在检测器上有不良状态	检查应用___检测器的硬件___地址和模块
671	数据库；失败；3%	1. 不能发现方法 2. 不能发现 MaxBasic 程序 3. 程序的无效流路 4. 外部结果上的不良状态	1. 检查方法、时序 2. 检查程序表格 3. 检查程序流路 4. 检查外部结果表格条款
687	由于 SBE 重置，导致周期3%的结果丢失	这个报警标记意味着结果还不确定，直到重置单元后完成周期	再次维修，不需要采取应对措施

处理办法：

(1)检查接线，接线良好；

(2)检查载气，载气充足；

(3)断开色谱分析仪电源，重启系统；

(4)根据故障现象及报警代码分析确认故障类型，需更换设备的及时更换，重新上电后检查指示灯、上位机有色谱参数变化是否正常。

5.2.26 温控阀不能打开的原因和处理办法是什么?

答：原因：(1)气源压力不够或气路堵塞；

(2)阀门卡住；

(3)定位器坏或定位器接线盒坏。

处理办法：

(1)观察定位器上有报警提示，确认报警信息；

(2)确定报警信息后用 MAX、NOM、MAN 模式初始化定位器，观察阀是否动作；

(3)查看故障报警说明，代码为 57、58、64、79，各故障代码说明见下表：

代码号	参数	说　明
57	控制回路	控制回路故障，控制阀在控制变量容许时间内没反应 ● 气动执行器被机械固住 ● 阀门定位器的装配被延迟 ● 气源不够
	检查处理	检查装配

代码号	参数	说　明
58	零点	零点错误。阀门定位器安装位置/连接移动或控制阀阀内件磨损，特别是软密封阀芯
	检查处理	检查控制阀和阀门定位器的安装。如果没问题，用代码6进行零点校准
64	i/p转换器(y)	i/p转换器电路被中断
	检查处理	不能处理，阀门定位器返回 SAMSON AG 进行修理
79	诊断报警	如果代码48成功激活了 EXPERT+，在扩展诊断中产生报警

（4）检查气源压力，确定气路畅通；

（5）用撬棍可以活动阀门，确定阀未卡住；

（6）测量回路电流，确定定位器接线盒正常；

（7）逐项排查，直到故障解除。

5.2.27　ESDV 阀打开排气阀后漏气的原因和处理办法是什么？

答：原因：

（1）气源管接头松动，有脏物；

（2）两位三通阀故障；

（3）气缸内有赃物。

处理办法：

（1）在上位机将故障 ESDV 阀的控制模式切换到手动状态；

（2）检查确认阀门反馈开关状态，确认阀门为全开状态。站场人员通过阀门手轮手动将阀门打到全开位置；

（3）检查仪表风供应有无杂物堵气现象；

（4）切断仪表风，缓慢打开排气阀直到压力为零，拆除两位三通阀，检查两位三通阀内部是否有损坏或者脏物，如有损坏进行更换，如有脏物，将阀芯拆下并清理干净；

（5）清洗完毕后，回装两位三通阀阀芯，并手动测试两位三通阀，如不灵敏可适当抹上黄油，降低摩擦；

（6）回装完两位三通阀后，关闭排气阀，打开仪表风与中控室配合检查是否还有漏气现象。故障排除以后，确认电磁阀为打开状态，再将阀门手轮手动恢复到初始状态；

（7）在上位机将 ESDV 阀的控制模式切换到自动状态；

（8）打开 ESDV 阀排气阀，检修完成。

5.2.28　气井节流阀的拆检程序是什么？

答：（1）气井节流阀拆检准备；

（2）切换流程：气井关井，管线压力平稳后关节流阀后闸板阀，确认气井节流阀具有一定的开度，将节流阀所在管线压力放空至0MPa；

（3）笼套式节流阀的拆检：

① 使用内六角扳手，拆除并检查气井节流阀的刻度套，检查刻度套的字迹是否清晰，刻度套固定螺丝是否完好，必要时进行更换；

② 松开油嘴锁紧螺丝，旋转手轮活动油嘴，检查油嘴是否转动灵活，如果不灵活，则通过黄油口加注黄油；

③ 取下气井节流阀手轮，对手轮固定口内部添加润滑油；

④ 在气井节流阀的笼套卡箍上垫上抹布，使用铜锤逆时针敲击卡箍，松动后拆下卡箍；

⑤ 使用专用工具取出阀杆和笼套，并用抹布擦拭干净，并用柴油进行清洗，检查阀杆有无损伤，丝扣有无损坏，根据实际情况进行修复，必要时进行更换；

⑥ 检查笼套和笼筒，查看进气孔是否有破损，如有破损进行更换，检查笼筒有无冲蚀，如存在冲蚀则进行更换；

⑦ 对拆下的阀杆、笼套、笼筒涂抹密封脂，涂抹需保证均匀；

⑧ 检查阀杆密封、填料，如发现密封圈损坏则进行更坏；填料如果存在划痕或其他损坏进行更换；

⑨ 节流阀进行拆检，并对有问题部件进行维护，或者在阀门整体更换后，将节流阀重新安装，切换工艺流程，进行充压，对采气节流阀进行检漏和模拟操作。经现场确认无问题后完成拆检。

5.2.29　在通球清管过程中"卡球"的原因主要有哪些？

答：因管线变形或石块泥沙淤积而形成。

5.2.30　通球清管用清管球作业中"卡球"的处理方法主要有哪些？

答：增大进气量或球前放空，提高推球压差，停止进气，球后放空，反向运行后再正向运行或加大放空量，增大压差，球后放空，将球引回发球站，找到卡点后割管取球。

5.2.31　在通球清管过程中，出现球推力不足的原因是什么？

答：输气管线内污水污物太多，球在高差较大的山坡上运行，球前静液柱压头和摩擦阻力损失之和等于推球压差时，可引起球推力不足，使球不能推走污水而停止运行。

5.2.32　在通球清管过程中，出现球推力不足该怎样处理？

答：一般采取增大进气量的办法，提高球后压力。若球后压力升高到管线允许工作压力时，球仍然不能运行，则可采取球前排气，增大推球压差，直到球运行为止。

第3节　计量仪表故障及解决措施

5.3.1　如何分析外输计量偏差过大故障？

答：（1）检查现场仪表和 SCADA 系统通信情况；

（2）检查五阀组平衡阀是否关严；

（3）检查负压室是否积液；

(4) 检查导压管是否堵塞或漏气；

(5) 检查孔板安装使用情况；

(6) 检查多变量变送器参数配置。

5.3.2 如何处理外输计量偏差过大故障？

答：(1) 查看 SCADA 系统串口服务器，判断是否通信中断；

(2) 关严平衡阀；

(3) 排除差压室积液；

(4) 导压管解堵塞，泄漏整改；

(5) 拆卸孔板检查、重装孔板或更换孔板；

(6) 多变量变送器参数配置，纠正错误参数。

5.3.3 如何进行气相流量计计量五阀组解堵操作？

答：(1) 打开五阀组双平衡阀；

(2) 关高低压导压管线取压针阀；

(3) 将五阀组中的放空管线导入碱液桶；

(4) 加热解堵(用热水对五阀组进行喷淋)；

(5) 缓慢打开放空针阀排除管线内堵塞物；

(6) 关空针阀，开高低压导压管线上的取压针阀；

(7) 关平衡阀。

5.3.4 计量五阀组解堵操作应注意哪些内容？

答：(1) 在双平衡阀打开后才能进行放空操作；

(2) 严禁在不关闭取压阀时，打开放空阀；

(3) 在开放空针阀过程中切忌猛开。

5.3.5 如何对缓蚀剂流量计进行振动法解堵操作？

答：(1) 将计量泵排量控制旋钮全开；

(2) 用防爆管钳轻敲流量计连接管线 1~2min；

(3) 如流量计瞬时仍然为 0 则按步骤(2)继续进行操作。

5.3.6 如何对缓蚀剂流量计进行反冲法解堵操作？

答：(1) 停泵；

(2) 关闭流量计出口阀门；

(3) 开泵头出口管线压力表泄压阀，将泵头出口管线内的缓释剂泄入塑料盆中；

(4) 开流量计出口阀门，利用高压流体冲洗流量计，当听到流量计车轮飞转的声音时即可停止冲洗，这样冲洗 3~4 次即可；

(5) 关泵头出口管线压力表泄压阀；

(6) 启泵。

5.3.7　如何对缓蚀剂流量计进行清洗法解堵操作？

答：（1）关闭流量计出口阀门，打开泵头出口管线压力表泄压阀，将泵头出口管线内的缓释剂泄入塑料盆中；

（2）拆下流量计，并将流量计拿到设备区外进行拆卸清洗；

（3）装回流量计并关闭泵头出口管线压力表泄压阀；

（4）旋转控制面板计量泵电源控制开关，启泵；

（5）等泵头出口压力达到加注管线内流体压力时打开流量计出口阀门。

第4节　控制系统故障及解决措施

5.4.1　恒电位仪异常问题的原因和解决办法是什么？

答：原因：由于雷击导致电源模块的继电器损坏，恒电位仪无法正常工作。

解决办法：对恒电位仪 A 机进行整机更换。

5.4.2　井口控制柜地面安全阀液压泵频繁补压的原因和解决办法是什么？

答：原因：中继阀内漏导致地面安全阀液压泵压力下降，频繁补压。

解决办法：对该井中继阀密封圈进行更换，调试后，可恢复正常。

5.4.3　地面安全阀手拉阀无法拉起的原因和解决办法是什么？

答：原因：在拆卸手拉阀油路卡套时，如果发现油路有液压油通过，则为手拉阀内部密封件已损坏。

解决办法：更换新手拉阀后恢复正常。

5.4.4　FST 液控液井口控制柜易熔塞频繁突出的原因及解决办法是什么？

答：原因：先导压力至井口易熔塞管路设计有单向阀，单向阀至井口易熔塞液压管线在强光的照射下温度升高，液压油受热膨胀后无法回流，导致压力升高挤压易熔塞，致使易熔塞突出损坏。

解决办法：

（1）为彻底解决易熔塞压力过高，导致井口易熔塞频繁突出、损坏问题，拟对原有的易熔塞液压油管路进行改造，在先导压力与易熔塞屏蔽球阀之间加装溢流阀，型号为 150PSI、SS-4CA-50。

（2）将溢流阀压力设定为 80~120psi，当井口易熔塞压力过高时，通过液压油回流使易熔塞压力与先导压力保持一致，避免压力异常升高。如图 5-2 所示。

（3）由于 FST 与 CAMERON 的易熔塞原理相同，均是利用装置内的低熔点合金在较高的温度下即熔化，而后打开通道使液压油从原来填充的易熔塞的孔中排出来泄放压力，从而触发井口地面、井下安全阀关断。且两者先导压力设定值均在 80~120psi 之间，CAMERON 的易熔塞在使用过程中，并未发生过易熔塞突出损坏问题，故而也可将 FST 易熔塞改造为 CAMERON 易熔塞。

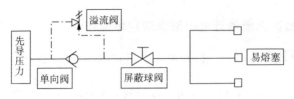

图 5-2　油路改造示意图

5.4.5　某井地面安全阀异常关闭的原因和解决办法是什么?

答：原因：高低压限位阀故障，导致该井地面安全阀异常关闭。高低压限位阀结构图如图 5-3 所示。

解决办法：对该井高低压限位阀进行拆卸、检修，泄放液体，并更换损坏的密封圈，可正常生产。

图 5-3　高低压限位阀结构图

5.4.6　某井地面安全阀注脂阀渗漏的原因和解决办法是什么?

答：原因：注脂阀由阀盖、阀主体(包括钢珠和弹簧)、阀盖三部分组成。注脂时，由于阀体内钢珠挤压弹簧后无法回座密封，造成气体泄漏。注脂阀结构及位置图如图 5-4 所示。

解决办法：对损坏注脂阀进行拆卸，更换后可正常使用。

图 5-4　注脂阀结构及位置图

5.4.7　某井井下安全阀异常关闭的原因和解决办法是什么？

答：原因：高压溢流阀损坏，造成实际设定值低于8000psi，无法对井下安全阀进行有效补压。

解决办法：更换井下安全阀的液压控制管线溢流阀，将溢流值设定为8000psi，经过调试后恢复正常。

5.4.8　普光某井加热炉进口安全阀弹簧断裂的原因及处理办法是什么？

答：原因：该井加热炉进口安全阀弹簧断裂导致井加热炉进口安全阀起跳未回座致使站场出现放空。

处理办法：

（1）值班人员告知中控室帮助监控人机界面生产参数，去现场核实放空地点；

（2）关闭安全阀上游根部阀后，观察火炬是否停止放空。如果火炬停止放空，说明问题已查明，可更换新校验的安全阀。

5.4.9　某阀室BV阀控制箱渗漏的原因及处理办法是什么？

答：原因：BV阀气缸安全阀或控制系统密封不严内漏。

处理办法：

（1）需将该集气站外输流程进行切换，该集气站所在线路的管线停用后远程对BV阀进行开关操作，通过仪表风气流对控制系统内的密封处进行吹扫，尝试能否解决控制系统内漏的问题；

（2）如通过操作BV阀无法解决控制系统内漏的问题，需准备相关备件进行更换。

5.4.10　加热炉PLC故障导致通信中断的原因及处理办法是什么？

答：原因：PLC死机导致通信中断。

处理办法：

（1）打开加热炉控制柜门，检查柜内各自控、电力设备，发现PLC供电正常，各卡件供电也无异常；

（2）仔细检查后，发现PLC上指示灯有红色显示，经检查为PLC运行故障，清除故障报警后恢复正常。

5.4.11　普光某集气站SCADA系统操作站通信中断的原因及处理办法是什么？

答：原因：由于将起跳的空气开关重新合闸后，该开关没有再次起跳，且该开关除了给工业以太网机柜供电外，未给其他设备供电。

处理办法：

（1）服务器通信，查看其网卡数据传输指示灯是否熄灭；

（2）检查工业以太网机柜是否停电，如果该机柜总开关未起跳，检查机柜间给工业以太网机柜供电的配电箱后，发现空开起跳，合上该开关后通信即可恢复正常。

5.4.12　普光某集气站 SIS 机柜掉电的原因及处理办法是什么？

答：原因：

（1）SIS1、SIS2、PCS 机柜可能掉电；

（2）某处接线接触不良导致空开起跳。

处理办法：依次检查 SIS 机柜、机柜间 AX1 配电箱、新增 PLC 机柜，然后判断起跳原因，采取相应措施。

5.4.13　普光某集气站市电缺相的原因及处理办法是什么？

答：原因：

（1）因市电缺相，直流屏报错，引起光传输机柜断电，导致站场电话及网络中断；

（2）UPS 因缺相报警，同时各照明设备也因电压不稳而闪烁。

处理办法：

（1）为了保护站场用电设备，将高低压配电柜的电源双电源转换开关切换至市电分闸状态，断开市电供应，因市电有两相供入，无法切换为燃气发电机供电，因此全站由 UPS 供电；

（2）待生产服务中心维修人员，重新对变压器中线电检查维修，三相电恢复正常后，方将市电供入，市电系统恢复正常，缓蚀剂泵启动。

5.4.14　雷击导致阀室串口服务器损坏问题的原因及处理办法是什么？

答：原因：雷击导致串口服务器损坏。

处理办法：依次检查各阀室的接口是否正常，如果被雷击坏，进行更换。

5.4.15　某集气站突发站场 ESD-1 级关断，井口及计量分支管 BDV 起跳，SCSSV 及 SSV 关闭，加热炉停炉，二三级节流阀关闭，外输 ESDV 关闭，关断发生后，该集气站值班人员发现站控室手操台上状态灯熄灭，按下复位按钮无法对其进行复位，请问出现这一现象的原因和处理办法是什么？

答：原因：该集气站 SIS1 机柜两 AB 电源发生故障，电源输出中断，引起上游空开跳闸，SIS1 机柜断电，发生 SCADA 系统连锁触发关断。

处理办法：对故障 AB 电源、输出线、AI 卡件备件等进行更换。

5.4.16　某井加热炉突然发生关断，二、三级节流阀关闭，加热炉停炉的原因和处理办法是什么？

答：原因：罐体压力变化高高关断。

处理办法：复位关断并将加热炉罐顶压变停运，重新开井。同时紧急协调备件进行更换。

5.4.17　如何分析加热炉节流阀无法自动调节故障？

答：（1）检查节流阀供电情况；

（2）检查核对加热炉就地控制面板开度；

（3）检查节流阀就地面板显示；

（4）检查节流阀供电；

（5）检查节流阀信号线；

（6）节流阀故障判断及排除。

5.4.18　如何处理加热炉节流阀无法自动调节故障？

答：（1）若加热炉配电箱供电指示灯灭，则检查供电开关是否正常，断开则需恢复；

（2）若节流阀面板显示报警，则需在不影响生产情况下进行报警清除；

（3）若节流阀供电电压不在 360~400V 之间，则报专业电工检查电路；

（4）若供电线松动，则先将供电盘电源切断，然后进行紧固；

（5）若信号线松动，则紧固信号线，若信号线电流不在 4~20mA 内，则报专业技术人员处理；

（6）故障排除后，对节流阀远程调节进行测试，并将其打到远程控制状态。

5.4.19　如何处理阴极保护站常见故障？

答：（1）若整机无直流电流和电压指示，则检查交直流保险丝是否烧断，若是则更换；

（2）若整机工作中嗡嗡发响，无直流输出，则检查整流半导体元件，若击穿，则更换同规格的半导体元件；

（3）若正常工作时，直流电流表突然无指示，则检查更换保险丝或检查阳极线路；

（4）若整机工作时，直流电流慢慢下降，电压上升，则检查更换阳极或减小环路电阻；

（5）若整机直流电流短时间内增加较大，保护距离缩短，则根据绝缘法兰两边管线管地电位来判断绝缘法兰是否漏电，并及时处理；

（6）若修理整机后，关电时管线电位比自然电位更低，则检查整机，如输出正、负极接错，立即停电，更正接线。

第5节　设备使用故障及解决措施

5.5.1　如何清洗更换过滤装置滤芯？

答：（1）现场安放防爆强力风扇；

（2）导通过滤旁通统流程；

（3）切断过滤器正常流程；

（4）回收过滤器内的杂物；

（5）打开过滤器排放口阀门，排尽余气；

（6）取出滤芯；

（7）清洗过滤器内壁；安装新滤芯、过滤器盲板；

（8）导通过滤器正常流程，验漏；

（9）切断过滤器旁通流程。

5.5.2 阀门阀杆盘根渗漏的原因有哪些？

答：(1)填料预紧力过小；

(2) 填料紧固件失灵；

(3) 阀杆封面损坏；

(4) 填料失效。

5.5.3 填料预紧力过小产生的原因是什么？

答：(1)填料太少：填装时填料过少，或因填料逐渐磨损、老化、装配不当而减少了预紧力；

(2) 无预紧间隙；

(3) 压套搁浅：压套因歪斜，或直径过大压在填料函上面；

(4) 螺纹抗进：由于乱扣、锈蚀、杂质入侵，使螺纹拧紧时受阻，疑是压紧了填料，实未压紧。

5.5.4 填料预紧力过小的预防措施有哪些？

答：(1)按规定填装足够的填料，按时更换过期填料，正确配装填料，防止上紧下松、多圈缠绕等缺陷；

(2) 填料压紧后，压套压入填料函深度为其高度的 $1/4 \sim 1/3$ 为宜，并且压套螺母和压盖螺栓的螺纹应该有相应预紧高度；

(3) 装填料前，将压套放入填料函内检查一下它们配合的间隙是否符合要求，装配时应该正确，防止压套偏斜，防止填料露在外面，检查压套端面是否压到填料函内；检查和清扫螺栓、螺母，拧紧螺栓螺母时，应该涂敷少许石墨粉或松锈剂。

5.5.5 填料预紧力过小的排除方法有哪些？

答：(1)关闭阀门或启用上密封后，修理好零件，添加填料，调整预紧力和预紧间隙；

(2) 在阀门不能关闭，上密封失效的情况下，应将此管段泄压放空后方可进行处理；

(3) 检查压套搁浅的原因，对症下药，若因压套毛刺或直径过大所引起的故障，应用锉刀修整至正常值为止；

(4) 螺纹抗进，可用松锈剂或煤油清洗干净，然后用什锦锉修整螺纹至螺纹松紧适度为止。

5.5.6 闸门填料紧固件失灵产生的原因有哪些？

答：(1)制造质量差：压盖、压套螺母、螺栓等件产生断裂现象；

(2) 紧固件松动：由于设备和管道的振动，使其紧固件松动；

(3) 腐蚀损坏：由于介质和环境对紧固件的锈蚀而使其损坏；

(4) 操作不当：紧固用力不均匀对称，用力过大过猛，使紧固件损坏；

(5) 维修不力：没有按时更换紧固件。

5.5.7　闸门填料紧固件失灵的预防措施有哪些?

答:(1)提高制造质量,加强使用前的检查验收工作;

(2) 做好设备或管道的防振工作,加强巡回检查和日常保养工作;

(3) 做好防腐工作,涂防锈油脂;

(4) 紧固零件时应对称均匀,紧固或松动前应该仔细检查并涂以一定松锈剂或少许石墨;

(5) 按技术要求进行维修,对不符合技术要求的紧固件及时更换。

5.5.8　闸门填料紧固件失灵的排除方法有哪些?

答:(1)关闭阀门或启用上密封后,在确认填料不会因内压往外移动的情况下,按照正常方法修复紧固件;

(2) 若阀门不能关闭,在上密封失效的情况下,应将此管段泄压放空后进行处理;

(3) 一般紧固件松动或损坏,可直接修理和拧紧紧固件。

5.5.9　闸门阀杆封面损坏产生的原因有哪些?

答:(1)阀杆制造缺陷:硬度过低,有裂纹、剥落现象,阀杆不圆、弯曲;

(2) 阀杆腐蚀:阀杆密封面出现凹坑、剥落现象;

(3) 安装不正,使阀杆过早损坏;

(4) 阀杆更换不及时。

5.5.10　闸门阀杆封面损坏的预防措施有哪些?

答:(1)提高阀杆制造质量,加强使用前的验收工作,包括填料的密封性试验;

(2) 加强阀杆防蚀措施,采用新的耐蚀材料,填料添加防蚀剂,阀门未使用时不添加填料为宜;

(3) 阀杆安装应该与阀杆螺母、压盖、填料函同心;

(4) 阀杆应该结合装置和管道检修,对其按照周期进行修理或更换。

5.5.11　闸门阀杆封面损坏的排除方法有哪些?

答:(1)轻微损坏的阀杆密封面可用抛光方法消除;

(2) 阀杆密封面损坏影响填料泄漏时,需关闭阀门或启用上密封后研磨或局部镀层解决;

(3) 阀杆密封面损坏后难以修复时,应更换阀杆。

5.5.12　闸门填料失效产生的原因有哪些?

答:(1)选用不当:填料不适用于现在工况;

(2) 组装不对:不能正确搭配填料,安装不正,搭头不合,上紧下松;

(3) 系统工况不稳:温度和压力波动大而造成填料泄漏;

(4) 填料超期服役:使填料磨损、老化、波纹管破裂而失效;

（5）填料制造质量差：如填料松散、毛头、干涸、断头、杂质多等缺陷。

5.5.13 闸门填料失效的预防措施有哪些？

答：（1）按照工况条件选用填料，要充分考虑温度与压力之间的制约关系；

（2）按技术要求组装填料：事先预制填料，一圈一圈错开搭接头并分别压紧；防止多层缠绕、一次压紧等现象；

（3）平稳操作，精心调试，防止系统温度和压力的波动；

（4）严格按照周期和技术要求更换填料；

（5）使用时要认真检查填料规格、型号、厂家、出厂时间、质地好坏，不符合技术要求的填料不能凑合使用。

5.5.14 闸门填料失效的排除方法有哪些？

答：（1）关闭阀门或启用上密封后，更换填料；

（2）更换阀门。

5.5.15 如何进行阀门填料的安装？

答：（1）根据阀门大小、工作条件、安装位置等选用规格、性能合适的盘根，盘根宽度应与填料函一致或稍大 1~2mm；

（2）装压盘根的工具不能有锋利的口子，不能用起子装压盘根，工具的硬度不能大于阀杆的硬度，应用质软而强度高的材料制成，如铜、铝合金、代碳钢等；

（3）检查阀杆、填料函、压盖有无机械损伤和严重腐蚀，是否黏附有机械杂质或有弯曲现象，损坏了的部件应更换；

（4）切割盘根尺寸要准，断口整齐、交接面呈 30°~45°斜角。不允许切口有松散的线头和齐口、张口等缺陷；

（5）安装盘根时，压好关键的第一圈。确认填料函底部平整后，将第一圈盘根用工具轻轻地压下底面，确认盘根无歪斜，搭接吻合好后，再用工具将第一圈盘根压紧，但不要用力过大；

（6）向填料函内压盘根应一圈一圈地安放，同时用工具将其压紧、压均匀，并将各圈盘根的切口搭接位置相互错开 120°；

（7）盘根不要压得太紧，加一部分后用压盖压下再加第二部分，并经常旋转一下阀杆，以免阀杆与填料咬死，影响阀门开关；

（8）拧紧压盖时，两边螺栓要对称地拧紧，不使压盖倾斜，以免盘根受力不匀与阀杆产生摩擦。压盖不应全部压入填料函，须留一定间隙。压盖压入填料函深度一般不得小于 5mm；

（9）旋转阀杆，就操作灵活，用力正常，无卡阻现象。如果用力较大，可适当放松一点压盖，减少盘根对阀杆的抱紧力。

5.5.16 阀门更换操作前应检查哪些内容？

答：（1）现场确认阀门更换方案及安全措施，做好安全和技术交底；

（2）确认现场环境达到阀门更换作业要求，做好更换前期准备工作；

（3）确认放空火炬处于燃烧状态。

5.5.17　阀门更换前如何进行酸气置换？

答：（1）开启站内净化气阀门，将净化气向更换阀门段管线内进行充压、放压，在该段管线的一个取样口或者压力表放空阀，用2个便携式硫化氢检测仪检测，当硫化氢浓度小于20ppm后，关闭净化气吹扫管线进气阀，停止置换；

（2）开启该段管线上的放空阀将管线压力降至压力表显示为零，关闭放空阀。

5.5.18　如何进行阀门更换前碱液浸泡？

答：（1）利用阀门所在段管线的低点放空阀作为碱液注入口，向管线内注入10%的Na_2CO_3水溶液，将管线的高点压力表排污口作为排气及液位观察口；

（2）观察管线内注满碱液，停止注入碱液，浸泡1h，待管线及阀门内残留的H_2S、酸液、FeS等杂质与碱液充分反应后，将管道内废液从底部排污口排出；

（3）废碱液统一收集在回收桶内或打入火炬分液罐中，在站外由吸污车统一回收集中处理。

5.5.19　如何进行阀门拆除？

答：（1）启动强风车对准阀门处送风；

（2）将阀门单侧法兰位置的螺栓松扣，操作时注意螺栓隔条松卸，对称拆卸；

（3）单侧法兰螺栓拆除后用法兰分离器将阀门法兰与管道上法兰分离；

（4）将吊具固定在旧阀门阀体上，用吊车给旧阀门向上的均布拉力，保持阀体平衡；

（5）将阀门另一侧法兰位置的螺栓拆除，用法兰分离器分离，消防水对准阀门法兰处进行喷淋。

5.5.20　更换阀门垫片有哪些要求？

答：（1）垫片的形式、材料、尺寸应根据介质的性质、压力、温度等选配适当。选用垫片的材料要与阀门的工况条件相适应，垫片的硬度不允许高于静密封面，介质有腐蚀性的，应选用耐腐蚀的材料；

（2）对选用的垫片要仔细检查。对橡胶石棉板等非金属垫片，表面应平整和致密，不允许有裂纹、折痕、皱纹、剥落、毛边、厚薄不匀和搭接等缺陷；对金属垫片，应表面光滑，不允许有裂纹凹痕、径向划痕、毛刺、厚薄不匀以及影响密封的锈蚀点等缺陷；

（3）在同一法兰上使用的螺栓、螺母，材质和规格应一致；

（4）安装垫片前应清理密封面。对密封面上的橡胶石棉残片应铲除干净。有水线的密封面，水线槽内不允许有油污、残渣等物。密封面应平整，不允许有凹痕、径向划痕、腐蚀坑等缺陷。

5.5.21　如何进行阀门垫片安装？

答：（1）上垫片前，在密封面、垫片、螺纹及螺栓、螺母的旋转部位涂上一层润滑脂；

（2）垫片安装在密封面上要居中，不能偏斜，不能伸入阀腔或搁置在台肩上，垫片内径应比密封面内径大，垫片外径应比密封面外径稍小；

（3）用聚四氟乙烯生料带对螺纹进行密封时，旋入螺纹动作要慢、用力要匀，旋紧后不要再动，更要避免回转，否则容易泄漏；

（4）安装垫片只允许上一片，不允许在密封面间上两片或多片垫片来消除两密封面间的间隙不足；

（5）梯形（椭圆）垫片的安装应使垫片内外圈相接触，垫片两端面不得与槽底相接触；

（6）拧紧螺栓应采用对称、轮流、均匀的操作方法，分 2~4 次旋紧，螺栓应满扣，齐整无松动；

（7）垫片上紧后，应保证连接件有预紧的间隙，以备垫片泄漏时有预紧的余地。

5.5.22　如何进行阀门的安装？

答：（1）阀门安装前，要把管线清扫干净和清除阀腔内杂物；

（2）拆除临时盲板法兰；

（3）阀门安装时，阀门两侧的法兰应保持平行且与管线相垂直，其偏差不大于法兰外径的 15/1000，且不大于 2mm；阀体与法兰间对应的螺栓孔中偏差应不大于孔径的 5%，并保证全部螺栓能顺利穿入；

（4）阀门安装时，在任何情况下均应避免阀门与法兰安装的强制连接；防止异物落入阀芯和阀座之间，碰伤结合面，造成阀门内漏；

（5）阀门螺栓紧固时，需要隔条对称紧固，以保证法兰螺栓受力均匀。

5.5.23　阀门更换步骤是什么？

答：（1）切换流程将需要更换阀门的管段与其他流程隔离并放空；

（2）在需更换阀门位置开阔地段启动强风车，向需更换位置送风；

（3）置换；

（4）碱液浸泡清洗；

（5）阀门拆除；

（6）旧阀门清洗，将旧阀门吊出工业区，放置在平整空地上，对阀腔内进行碱液清洗及清水冲洗，残液应回收至残液回收桶；

（7）新阀门安装；

（8）试压：①打开新安装后的阀门，将与之相连管道上的压力表投用，向管道内注入氮气或酸气；②待压力达到气密压力后，对管线及更换的阀门进行气密性验漏；③验漏合格后，将管段内的氮气放空；

（9）流程恢复，将站内流程恢复生产状态；

（10）清理作业现场：①检查站内流程是否运行正常，检查压力表读数是否正常；②做好生产记录，现场监测到位，及时向上级汇报生产情况；③收拾擦拭工用具，回收残液，清理作业现场。

5.5.24　阀门更换中注意些什么?

答：(1)操作时必须穿戴防护器具，且有人监护；

(2)碱液浸泡应达到一定时间，使其与硫化物充分反应；

(3)严格按照比例稀释碱液，注入碱液时应将所有外露皮肤用防护用品包裹，注意防止液体向外飞溅。

5.5.25　球阀使用的基本要求有哪些?

答：球阀应保证一人在不加加力杆的情况下可以操作，如无法操作或操作困难，则需要对阀门进行处理。球阀执行机构输出扭矩对于阀门最大操作扭矩安全系数应高于15且小于阀门最大允许扭矩；对于长期不操作或在低温环境下使用的阀门，可能存在大量杂物聚集或卡涩造成阀门扭矩异常增大的情况，阀门执行机构输出扭矩对于阀门最大操作扭矩安全系数应高于2且小于阀门最大允许扭矩。

5.5.26　球阀传动机构为齿轮箱传动保养要求有哪些?

答：(1)定期润滑是保证阀门执行机构良好运行的基础，应至少每年进行一次，且应在每年入冬前进行；

(2)打开齿轮箱检查所有齿轮操作内部部件(轴承、齿轮等)是否损坏，必要时进行修理或更换，并对齿轮箱内部部件进行充分的清理和润滑，无法打开维护的阀门齿轮箱应定期从注油嘴注入润滑脂；

(3)检查齿轮箱所有传动部位是否润滑良好；

(4)在运行中，齿轮箱内可能存在积水，冬季时可能结冰，这会使阀门操作需要很大的额外扭矩，有时可能导致传动机构损坏。如发现齿轮箱内积水、结冰，则除去所有冰、水和旧的润滑脂，重新涂上新的润滑脂；

(5)检查齿轮箱与阀门的连接是否松动，如松动则在阀门全关的状态下进行紧固。

5.5.27　球阀传动机构为其他类型的驱动保养要求有哪些?

答：(1)确认动力源(电动、气动、液动)的线路或管路连接良好，并且动力供应充足，如有必要则进行调整；

(2)检查阀门执行器的动作，必要时将执行器从阀门上拆下，检查执行器的工作状况，进行调整或维修。

5.5.28　球阀阀体内部出现卡堵现象处理方法有哪些?

答：(1)阀腔内的异物或大量聚集的杂质、液体、冰会使阀门无法操作或操作扭矩极大。此时可通过阀腔排污检查阀体内部是否存在大量异物堆积或结冰现象，如有则通过排污、加热或注醇等方法将阀腔内异物和冰除去；

(2)用手动或气动注脂枪注入阀门清洗液，10~20min后尝试操作阀门，并再次通过阀门排污嘴进行排污。

5.5.29 球阀法兰处渗漏处理方法有哪些?

答:(1)放空阀门前后管线及阀腔内的气体;

(2)将阀门从管线上拆下,拆开中法兰,检查密封件是否损坏,必要时更换密封件,重新安装阀门。

5.5.30 球阀阀杆处渗漏处理方法有哪些?

答:(1)观察阀门是否有阀杆注脂结构,如有则缓慢注入阀门密封脂,当泄漏止住时就应停止加注。如阀杆注脂压力过高,会造成阀门操作扭矩增大,在正常情况时阀杆处不应注入任何密封脂。在加注时应注意密封脂的选择,由于该位置注入物无法替换,因此不应向其内注入清洗液和润滑脂等材料;

(2)对于CAMERON球阀,可以上紧阀杆顶部的压紧螺栓,拧紧压紧螺栓1/8圈或到泄漏止住为止;

(3)如阀门填料损坏引起泄漏,则更换阀杆填料;

(4)注意对阀杆泄漏的处理应在球阀关闭且阀腔放空条件下进行。

5.5.31 如何进行球阀润滑维护?

答:(1)对于频繁动作或可能聚集大量杂质位置使用的阀门,首先按照规定量注入阀门清洗液,使清洗液在阀门中保留1~2d。按照规定量注入阀门润滑脂,开关阀门2~3次,使润滑脂均匀涂抹于球体上;

(2)对于动作频率小于1次/月的阀门,直接注入阀门润滑脂进行补脂,注入量为规定用量的1/4~1/2。开关阀门2~3次,使润滑脂均匀涂抹于球体之上;

(3)在注脂过程中,密切观察注脂压力表的指示变化情况,根据压力表指示变化情况判断注脂系统状态。

5.5.32 如何判断球阀内漏?

答:(1)常关具有软密封功能球阀后端为不带压管线或压力容器(如收发球筒等),根据压力容器压力的变化来判断阀门内漏,平均每小时每英寸公称直径密封面的泄漏量用V_x表示:

$$V_x = (p_2 - p_1)V_0 / T \cdot D$$

式中　p_1——压力容器初始压力,bar;

p_2——压力容器检查时压力,bar;

V_0——压力容器容积,m^3;

T——时间,h;

D——管线公称直径,in。

V_x大于$0.02m^3/h \cdot in$,即认为该阀门内漏。

(2)对于具有软密封功能球阀,当无法通过阀门后端的管线或容器来判断阀门是否内漏时,通过排污检查或利用阀门内漏检测工具测量阀门内漏量,初步检查可通过阀门排污检查阀门内漏;而最终内漏量的确认需通过阀门内漏检测工具进行测量;

（3）除 GROVE 全球阀外，其他类型的球阀均可以在全开位或全关位检查阀门的密封情况；GROVE 球阀只能在阀门全关的状态下判断阀门是否内漏；

（4）只有阀门整体内漏时才可能影响到站场相关作业，通过球阀排污嘴检查阀门内漏并不代表阀门整体内漏。必要时应对阀门整体密封情况进行进一步确认；

（5）球阀具有双截断泄放（DBB）的设计结构形式，在阀门内漏量不大的情况下，可以利用这种结构保证阀门的整体隔断作用。对于内漏的阀门应结合现场工艺进行风险分析之后再确定其维修方案。

5.5.33　球阀内漏的处理方法有哪些？

答：（1）通过阀位观察孔或手动检查阀门是否在全开位或全关位，如不在全开位或全关位则进行调节；

（2）将球阀置于全开或全关位置（GROVE 球阀置于全关位置）；

（3）确定阀座密封脂注嘴的数量；

（4）对于已进行清洗、润滑维护的阀门，直接注入阀门密封脂；

（5）如阀门没有进行清洗、润滑维护，用手动或气动注脂枪，均匀地在各个注脂嘴中缓慢注入规定数量的阀门清洗液；

（6）1~2d 后，注入规定数量的阀门润滑脂，将阀门操作大约 2~3 次，使阀门润滑脂通过阀座涂到球上。阀门不能全开关时，应开关到可能的最大位；

（7）检查阀门是否存在内漏，如阀门仍存在内漏则执行以下步骤：①将球阀置于正常运行状态的全开位或全关位；②按照规定用量，用手动或气动注脂枪等量缓慢地将阀门密封脂注入阀门中；③检查阀门是否仍存在内漏，如仍存在内漏，可以继续注入 50%~100% 规定用量的密封脂；④对于具有旋转阀座结构的球阀，可通过反复调整阀座与球体的相对位置找到泄漏量最小的位置进行处理；⑤如阀门仍存在内漏则说明阀座与球体已存在比较严重的损伤，需要更换阀座或维修。

5.5.34　球阀内漏处理中的注意事项有哪些？

答：（1）如果阀门在检查中发现内漏，但该阀门没有泄漏历史记录时，很可能是由于在阀门密封系统中杂物堆积造成的，此时阀门内漏处理以清洗、活动为主要解决方法，注密封脂密封为辅助手段；

（2）阀门的密封功能是针对全关位而言的，因此阀门内漏的检查和处理应尽可能在阀门全关的状态下进行；

（3）阀门的活动尽可能做全开关的活动，由于工艺流程的限制，不能做全开关活动的阀门要尽可能大范围地活动阀门；

（4）脂的缓慢注入有利于保证其均匀分布，清洗液和密封脂宜缓慢注入，尽量使用手动注脂枪进行操作，但在个别情况下，有可能发生密封通道堵塞的情况，此时及时清洗阀门或用气动注脂机进行快速注入，使阀门密封通道畅通；

（5）清洗液和密封脂在注入时注意观察注入压力的变化，注入压力不能超过管线压力的4000psi，切不可高于 6000psi。

5.5.35　球阀关闭不严产生的原因有哪些？

答：(1)球体不圆，表面粗糙；

(2)球体冲翻；

(3)作节流用，密封面被冲蚀；

(4)阀座密封面压坏；

(5)密封面无预紧力；

(6)阀门关限位不正确，产生泄漏；

(7)阀座与阀体不密封，O形圈等密封件损坏。

5.5.36　球阀关闭不严的预防措施有哪些？

答：(1)提高制造质量，使用前解体检查和试压；

(2)装配应正确，操作要平稳；

(3)不允许作节流阀用；

(4)装配阀座时，阀门应处在全关位置，拧紧螺栓时应均匀，用力应小；

(5)定期检查密封面预紧力，注意调整预紧力；

(6)定期检查阀门内漏，发现内漏及时调整阀门关限位至无泄漏；

(7)提高阀座与阀体装配精度和密封性能，减少阀座拆卸次数，定期检查和更换密封件。

5.5.37　球阀关闭不严的排除方法有哪些？

答：(1)停用卸压后，修理或更换阀门；

(2)调整阀门关限位。

5.5.38　旋塞阀检查内容主要有哪些？

答：(1)旋塞阀操作灵活性检查，旋塞阀应保证一人在不加加力杆的情况下可以操作；

(2)检查旋塞阀阀体、法兰所有密封点是否存在外漏；

(3)旋塞阀应保持零泄漏；

(4)旋塞阀各露空部位是否存在锈蚀；

(5)检查旋塞阀执行机构是否存在集水、缺少润滑油现象。

5.5.39　如何进行旋塞阀的维护、保养？

答：(1)旋塞阀执行机构维护，如发现执行机构中润滑油没有覆盖到传动机构的所有接触面，则应将旧润滑油全部除去后，在所有接触面上涂抹足量新的润滑油；

(2)清理设备卫生，设备表面补漆。

5.5.40　如何进行旋塞阀故障处理？

答：(1)尽可能将阀门置于开位进行处理。

(2)根据阀门的尺寸，确定清洗液的用量。

（3）按规定注入清洗液，在注清洗液过程中仔细观察注入压力，确认可以建立注入压力并保持在安全的范围之内。

（4）如果注脂枪无法建立注入压力，按照以下方法进行处理：

① 检查注脂枪和阀门注脂嘴之间的连接，是否存在清洗液渗漏的现象，如有则对连接部位进行清洗和修复，必要时进行更换。

② 检查阀门底部或顶部的密封是否存在清洗液渗漏的现象，如有则继续上紧阀门底部或顶部的调节螺栓直到注入过程中无清洗液渗漏为止。

③ 经过上两步处理后，如仍无法建立注入压力，按以下方法进行处理：

A. 将约20%规定清洗液量的旋塞阀密封脂加入注脂枪中；

B. 将密封脂注入阀门内；

C. 尝试注入清洗液，观察是否保持注入压力，如可以保持注入压力则按规定注入量注入清洗液。

④ 如仍无法保持注入压力，将阀门底部的调节螺栓上紧半圈，观察是否可以建立注入压力，如无法建立压力可重复上紧调节螺栓。

⑤ 如经过上述所有的处理仍无法建立注入压力，则说明阀门已存在严重的划伤或损坏，需要进行修复和更换。

（5）清洗液注入完成后，用清洗液浸泡阀门30min以上，让清洗液有足够的时间软化在密封面之间的堆积物。

（6）摘除注脂枪，开关阀门10次，无法进行全开关的阀门要尽可能地在最大范围内进行活动。

（7）如经过上述处理后阀门操作扭矩仍很大，可重复以上步骤进行处理。

（8）检查阀门底部或顶部的螺栓松紧度，并对其进行调节。

5.5.41　如何进行旋塞阀内漏的处理？

答：（1）尽可能使阀门处于全开位进行清理；

（2）对阀门进行拆卸清洗；

（3）检查阀门底部螺栓是否上紧，在保证阀门操作灵活的前提下尽可能地上紧阀门底部螺栓；

（4）按照规定两注入旋塞阀密封脂，注意保持注脂压力；

（5）如果阀门仍然存在内漏，可采用以下方法处理：①使用黏度更高的密封脂进行处理；②将旋塞阀解体，将旋塞阀翻转180°安装，重新组装阀门，检查阀门内漏情况；③如仍无法使阀门密封，作为最后应急手段可注入带聚四氟乙烯颗粒的密封脂，以达到暂时密封效果。

5.5.42　旋塞阀密封面泄漏产生的原因有哪些？

答：（1）旋塞密封副不密合，表面粗糙；

（2）密封面中混入磨粒，划伤密封面；

（3）油封式油路堵塞或缺油；

（4）自封式排泄孔被脏物堵死，失去自紧密封性能；

（5）调整不当或调整部件松动损坏：紧定式的压紧螺母松动；填料式调节螺钉顶死塞子；自封式弹簧顶紧力过小或失效等；

（6）实际关闭位置不再全关位，产生泄漏。

5.5.43 旋塞阀密封面泄漏的预防措施有哪些？

答：（1）提高制造质量，着色检查和试压合格后使用；

（2）阀门应处于全开或全关位置，操作时应利用介质冲洗阀内核密封面上的脏物；

（3）定期检查和疏通油路，按时加油；

（4）定期检查和清洗，不适用于含沉淀物多的介质；

（5）正确调整旋塞阀调节零件，以旋转轻便而密封不漏为准；

（6）定期调整阀门限位。

5.5.44 旋塞阀密封面泄漏的排除方法有哪些？

答：（1）停用卸压后，修理或更换阀门；

（2）因调整不当或调整部件松动而使密封面泄漏时，可采用重新调整和紧固方法消除泄漏；

（3）调整阀门限位。

5.5.45 旋塞阀阀杆旋转不灵产生的原因有哪些？

答：（1）压盖压得过紧；

（2）密封面压得过紧：紧定式螺母拧得过紧，自封式预紧弹簧压得过紧；

（3）密封面擦，增加了操作力；

（4）润滑条件变坏；

（5）扳手部位方头磨损。

5.5.46 旋塞阀阀杆旋转不灵的预防措施有哪些？

答：（1）压紧压盖时，注意活动一下阀杆，检查是否压得过紧；

（2）定期检修，油封式应定时加油；

（3）填料装配时应涂上些石墨，油封式定时定量加油；

（4）操作要正确，扳手与阀杆方头配合间隙不宜过大。

5.5.47 旋塞阀阀杆旋转不灵的排除方法有哪些？

答：（1）对于前两种原因，适当拧松螺栓或螺盖，使其阀杆旋转灵活；

（2）对于第三、四种原因，停用卸压后，修理或更换，油封式应向内注油或开孔注油润滑封面；

（3）对于最后一种原因，调整扳手为正确位置，粘接、焊接牢固或用钳工方法修复。

5.5.48 蝶阀密封面泄漏产生的原因有哪些？

答：（1）橡胶密封圈老化、磨损；

（2）介质流向不对；

（3）密封面压圈松动、破损；

（4）密封面不密合；

（5）阀杆与碟板松落，使密封面泄漏。

5.5.49　蝶阀密封面泄漏的预防措施有哪些？

答：（1）定期检查和更换；

（2）应按介质流向指示箭头安装阀门；

（3）安装前应检查压圈装配是否正确，定期检查和更换；

（4）提高制造质量，使用前进行试压；

（5）提高阀杆与碟板连接强度，定期检修。

5.5.50　蝶阀密封面泄漏的排除方法有哪些？

答：停用卸压后，修理或更换阀门。

5.5.51　闸阀日常主要检查哪些内容？

答：（1）检查阀门的丝杆是否产生泄漏，如发现泄漏可通过拧紧填料压盖进行处理；

（2）检查阀门的阀盖螺栓是否紧固，开关是否灵活。

5.5.52　如何进行闸阀维护保养？

答：（1）定期对暴露在阀体外的阀杆部分进行特别的防腐维护处理；

（2）对于有注脂嘴的闸阀，定期给阀门注入阀门润滑脂，注脂时闸阀必须处于关闭状态，确保润滑脂密封圈充满密封槽沟，如果开位，密封脂则直接掉入流道或阀腔，造成浪费。

5.5.53　闸阀无法开启的原因有哪些？

答：（1）T形槽断裂；

（2）传动部位卡阻、磨损、锈蚀；

（3）单闸板卡死在阀体内；

（4）内阀杆螺母失效；

（5）闸阀长期处于关闭状态下锈死；

（6）阀杆受热后顶死闸板。

5.5.54　闸阀无法开启的预防措施有哪些？

答：（1）T形槽应该圆弧过渡，提高制造质量，开启时不允许超过上死点；

（2）保持传动部位旋转灵活，润滑良好，清洁无尘；

（3）关闭力适当，不宜使用长杠杆扳手；

（4）内阀杆螺母不宜用于腐蚀性大的介质；

（5）在条件允许情况下，经常开关活动闸阀，防止锈蚀；

（6）关闭的闸阀在升温的情况下，应该间隔一定时间，阀杆卸载一次，将手轮倒转少许，采用高温型阀门。

5.5.55 闸阀无法开启的排除方法有哪些？

答：（1）停用卸压后，修理或更换阀门；

（2）卡死、锈死、顶死而使关闭件开关不动时，先润滑传动部位后，用最大开启力兼敲打阀体（铸铁阀禁止）方法消除；

（3）及时更换磨损零件。

5.5.56 闸阀关闭不严产生的原因有哪些？

答：（1）阀杆顶心磨损或悬空，使闸板时好时坏；

（2）闸板与阀杆脱落；

（3）导轨扭曲、偏斜；

（4）闸板装反；

（5）密封面擦伤、异物卡住；

（6）传动部位卡阻、磨损、锈蚀。

5.5.57 闸阀关闭不严的预防措施有哪些？

答：（1）闸阀组装时应该进行检查，顶心应该顶住关闭件，并有一定活动间隙；

（2）保持架应该定期检查、修理，楔式双闸板不宜用于腐蚀性介质；

（3）操作力适当，提高闸板与阀杆连接质量；

（4）组装前注意检查导轨，密封面应该着色检查；

（5）拆卸时闸板应该做好标记；

（6）不宜在含磨粒介质中使用闸阀，必要时阀前设置过滤、排污装置；发现关不严，应该反复将阀门开度关小，利用介质冲走异物。

5.5.58 闸阀关闭不严的排除方法有哪些？

答：（1）停用卸压后，修理或更换阀门；

（2）异物卡在密封面时，可用反复开闭方法冲走异物；

（3）针对传动部位的故障，用煤油或松锈剂清洗传动部位并用润滑剂润滑。

5.5.59 截止阀密封面泄漏的原因有哪些？

答：（1）密封面冲蚀、磨损；

（2）平面密封面易沉积脏物；

（3）锥面密封副不同心；

（4）衬里密封面损坏、老化。

5.5.60 截止阀密封面泄漏的预防措施有哪些？

答：（1）防止介质流向装反，介质的流向应与阀体箭头一致；阀门关闭时应关严，防止有细缝时冲蚀密封面；必要时设置过滤装置，关闭力适中，以免压坏密封面；

(2) 关闭前留细缝冲刷几次后再关闭阀门；

(3) 装配应正确，阀杆、阀瓣或节流锥、阀座三者在一条轴线上；

(4) 定期检查和更换密封件。

5.5.61　截止阀密封面泄漏的排除方法有哪些？

答：(1)停用卸压后，修理或更换阀门；

(2) 利用反复开启和微关闭方法，冲走沉积脏物。

5.5.62　截止阀性能失效的原因有哪些？

答：(1)针形阀和小口径阀门堵死；

(2) 阀瓣、节流锥脱落；

(3) 阀杆、阀杆螺母滑丝、损坏。

5.5.63　截止阀操作注意事项有哪些？

答：(1)选用不对，不适于黏度大的介质；

(2) 选用要正确，应解体检查；

(3) 小口径阀门的操作力要小，开关不要超过死点。

5.5.64　截止阀性能失效的排除方法有哪些？

答：(1)停用卸压后，修理或更换阀门；

(2) 当阀门堵死时，拆卸清理；

(3) 阀杆、阀杆螺母滑丝、损坏，可更换阀杆或螺母。

5.5.65　截止阀节流不准的原因有哪些？

答：(1)标尺不对零位，标尺丢失；

(2) 节流锥冲蚀严重。

5.5.66　截止阀节流不准的预防措施有哪些？

答：(1)标尺应对零位，松动后应及时拧紧；

(2) 操作应正确，流向不允许装反，正确选用节流阀和节流锥材质。

5.5.67　截止阀节流不准的排除方法有哪些？

答：(1)调整标尺，配齐标尺；

(2) 停用卸压后，修理或更换阀门。

5.5.68　截止阀日常检查的主要内容有哪些？

答：(1)检查阀门的阀杆和填料是否产生泄漏；

(2) 检查截止阀的开关位置是否正确。

5.5.69　如何进行截止阀维护保养？

答：(1)定期对暴露在阀体外的阀杆部分要进行特别的防腐维护处理；

（2）有黄油嘴的截止阀可定期注入润滑脂，注完至少开关阀门 1 次，以使润滑脂在轴承及丝杆均匀分布。

5.5.70　止回阀介质倒流的原因有哪些？

答：（1）密封面损坏；

（2）密封面处有杂质，造成阀瓣关闭不严。

5.5.71　止回阀介质倒流的处理方法有哪些？

答：（1）修复密封面或更换新密封件；

（2）清洁密封面。

5.5.72　止回阀阀瓣打碎的原因有哪些？

答：止回阀前后压力处于接近平衡而又互相"拉锯"的状态，阀瓣经常与阀座拍打，某些脆性材料（如铸铁、黄铜等）做成的阀瓣就被打碎。

5.5.73　止回阀阀瓣打碎的处理方法有哪些？

答：更换新阀瓣或新止回阀。

5.5.74　安全阀密封面泄漏的原因有哪些？

答：（1）制造精度低、装配不当、管道载荷等原因使零件不同心；

（2）安装倾斜，使阀瓣与阀座位移，产生不严现象；

（3）弹簧两端面不平行或装配歪斜，杠杆与支点发生偏斜或磨损，致使阀瓣与阀座接触压力不均匀；

（4）由于制造质量、高温或腐蚀等因素使弹簧松弛；

（5）密封面损坏或夹有杂质而不密合；

（6）弹簧断裂；

（7）阀内运动件有卡阻现象；

（8）开启压力与正常工作压力太接近，密封比压低；当阀门振动或压力波动时，产生泄漏。

5.5.75　安全阀密封面泄漏的预防措施有哪些？

答：（1）提高制造质量和装配水平，排除管道附加载荷；

（2）安装直立，不可倾斜；

（3）装配前应认真检查零件质量，装配后应认真检查整体质量；

（4）定期检查和更换弹簧；

（5）按工况条件和实际经验选用安全阀，若温度不高时，杂质多的介质适合选用橡胶、塑料密封面或带扳手的安全阀；

（6）弹簧质量符合技术要求；

（7）根据温度和介质稀稠等工况选用安全阀的结构形式，必要时需设置保温等保护措施，防止卡阻现象，定期清洗；

（8）提高密封比压，设置防振装置，操作应平稳。

5.5.76 安全阀密封面泄漏的排除方法有哪些？

答：关闭安全阀进出口切断阀，然后进行送检维修或更换安全阀。

5.5.77 安全阀启闭不灵活的原因有哪些？

答：（1）调整不当，使阀瓣开启时间过长或回座迟缓；
（2）排放管口径小，排放时背压较大，使阀门开度小。

5.5.78 安全阀启闭不灵活的预防措施有哪些？

答：（1）定压试验时应调整正确；
（2）排放管口径应按排放量大小而定，必要时作背压试验。

5.5.79 安全阀启闭不灵活的排除方法有哪些？

答：（1）正确调整调节圈，减少阀瓣开启时间；
（2）增大排放管口径。

5.5.80 安全阀未到规定值就开启的原因有哪些？

答：（1）开启压力低于规定值，弹簧调节螺钉、螺丝松动或重锤向支点窜动；
（2）弹簧弹力减小或产生永久变形；
（3）弹簧腐蚀引起开启压力下降；
（4）常温下调整的开启压力而用于高温后开启压力降低；
（5）调整后的开启压力接近、等于或低于安全阀工作压力，使安全阀提前动作、频繁动作。

5.5.81 安全阀未到规定值就开启的预防措施有哪些？

答：（1）按规定值定压：调节螺钉、螺母以及其他紧固件，有防松装置，定期检修校验；
（2）定期更换：选用质量好的弹簧；
（3）选用耐腐蚀的弹簧：如选用包覆聚四氟乙烯的弹簧或波纹管隔离的安全阀；
（4）在高温条件下做定压试验，采用可调带散热器的安全阀；
（5）正确调整开启压力，定压准确。

5.5.82 安全阀未到规定值就开启的排除方法有哪些？

答：（1）安全阀前有切断阀时，先关闭切断阀，然后调试、修理或更换安全阀；
（2）若弹簧调节螺钉、螺套松动或重锤向支点窜动，原有标记的，将其调至原位置后紧固牢靠即可；
（3）停用卸压后，调试、修理或更换安全阀。

5.5.83 安全阀到规定值而没有动作的原因有哪些？

答：（1）设置压力高于规定值；

（2）安全阀冻结；

（3）阀瓣被脏物粘住或阀座处被介质凝结物、结晶体堵塞；

（4）阀门运动零件有卡阻现象，增加了开启压力；

（5）背压增大，到规定值阀门不起跳。

5.5.84 安全阀到规定值而没有动作的预防措施有哪些？

答：（1）正确定压，定压时认真检查压力表；

（2）应做好保温或伴热工作；

（3）定期清洗或开启吹扫；

（4）组装合理，间隙适当，定期清洗；按温度和介质稀稠程度选用安全阀结构形式；必要时设置保护设置；

（5）定期检查背压或选用背压平衡式波纹管安全阀。

5.5.85 安全阀到规定值而没有动作的排除方法有哪些？

答：（1）安全阀前有切断阀时，先关闭切断阀，然后调试、修理或更换安全阀；

（2）若弹簧调节螺钉、螺套松动或重锤向支点窜动，原有标记的，将其调至原位置后紧固牢靠即可；

（3）停用卸压后，调试、修理或更换安全阀；

（4）检查背压大的原因，对症减少背压，如增大排放管口径等。

5.5.86 安全阀振动的原因有哪些？

答：（1）弹簧刚度太大；

（2）调节圈调整不当，使回座压力过高；

（3）进口管口径太小或阻力太大；

（4）排放能力过大；

（5）排放管阻力过大，造成排放时过大背压，使阀瓣落向阀座后，又被冲起，以很大频率产生振动；

（6）管道和设备的振动而引起安全阀振动。

5.5.87 安全阀振动的预防措施有哪些？

答：（1）应选用刚度较小的弹簧；

（2）应正确调整调节圈；

（3）进口管内径不应小于安全阀进口通径或减少进口管的阻力；

（4）选用安全阀额定排放量尽可能接近设备的必须排放量；

（5）应降低排放管阻力；

（6）管道和设备应有防振装置，操作应平稳。

5.5.88 安全阀振动的排除方法有哪些？

答：（1）按上述方法更换弹簧或安全阀；

（2）正确调整调节圈或将安全阀拆下后调试；

（3）停用卸压后，更换进口管或带压开孔另设置进口管和安全阀；

（4）疏通排放管、减少排放管转弯处口径或增大排放管口径；

（5）稳操作，减少管道和设备振动。

5.5.89 气液联动执行机构手动液压操作无法动作的原因有哪些？

答：（1）速度控制阀没有打开；

（2）液压回路堵塞；

（3）阀门扭矩过大；

（4）阀门或装置内部卡死。

5.5.90 气液联动执行机构手动液压操作无法动作的处理方法有哪些？

答：（1）调节速度控制阀到一定开度；

（2）检查液路并清除故障；

（3）充分清洗阀门，减小阀门扭矩；

（4）拆解修复或更换阀门。

5.5.91 气液联动执行机构超过关阀报警值无法自动关断的原因有哪些？

答：（1）自动关断功能没有开启；

（2）控制板继电器故障；

（3）电力传感器/变送器输出检测值有误；

（4）电子控制单元电磁阀故障；

（5）电子控制单元控制板故障；

（6）阀门扭矩过大；

（7）阀门或装置内部卡死；

（8）动力气源没有打开或驱动压力不足。

5.5.92 气液联动执行机构在超过关阀报警值无法自动关断的处理方法有哪些？

答：（1）开启自动关断功能；

（2）更换继电器；

（3）标定或更换压力传感器/变送器；

（4）更换电子控制单元电磁阀；

（5）控制板程序复位或更换控制板；

（6）充分清洗阀门，减小阀门扭矩；

（7）拆解修复或更换阀门；

（8）打开动力气源、保证动力气源压力。

5.5.93 气液联动执行机构无法远程控制开/关的原因有哪些？

答：（1）远程控制电磁阀故障；

（2）远程控制继电器故障；

（3）动力气源没有打开或驱动压力不足；

(4) 阀门扭矩过大；

(5) 阀门内部或装置内部卡死；

(6) 执行机构就地锁定装置锁定。

5.5.94　气液联动执行机构无法远程控制开/关的处理方法有哪些？

答：(1) 更换远程控制电磁阀；

(2) 更换远程控制继电器；

(3) 打开动力气源、保证动力气源压力；

(4) 充分清洗阀门，减小阀门扭矩；

(5) 拆解修复或更换阀门；

(6) 对就地锁定装置复位。

5.5.95　执行机构自行关断的原因有哪些？

答：(1) 管道内压力达到自动关断设定报警值；

(2) 压力变送器/传感器检测压力不正确；

(3) 执行机构接收到远程关阀或 ESD 命令；

(4) 受外界影响，电子控制单元异常故障；

(5) 压力检测管路堵塞，并存在泄漏；

(6) 执行机构气动/先导阀管路存在堵塞/泄漏。

5.5.96　执行机构自行关断的处理方法有哪些？

答：(1) 确认管道运行是否异常；

(2) 标定或更换压力变送器/传感器；

(3) 确认管道运行情况，确认命令来源；

(4) 检查电子控制单元，更换有关部件；

(5) 清理压力检测管路，消除泄漏；

(6) 清理气动/先导阀管路，消除泄漏。

5.5.97　气驱动阀门自动或远程控制开关不到位的原因有哪些？

答：(1) 速度控制阀开度过小；

(2) 阀门扭矩过大；

(3) 起源压力过低；

(4) 气路通道异物堆积；

(5) 电子控制单元或远程控制设定关阀时间过短。

5.5.98　气驱动阀门自动或远程控制开关不到位的处理方法有哪些？

答：(1) 调节速度控制阀的开度；

(2) 充分清洗阀门，减小阀门扭矩；

(3) 增加气源压力；

（4）清洗气路通道；

（5）调整电子控制单元或远程控制设定关阀时间。

5.5.99　执行机构在动作过程中有异常振动/声响的原因有哪些？

答：（1）执行机构同阀门连接处法兰松动；

（2）阀门存在卡涩现象；

（3）执行机构液压回路部分存有气体；

（4）气源压力不稳定。

5.5.100　执行机构在动作过程中有异常振动/声响的处理方法有哪些？

答：（1）紧固法兰连接螺栓；

（2）清洗阀门；

（3）排污执行机构液压回路气体；

（4）调整气源压力。

5.5.101　执行机构动作缓慢的原因有哪些？

答：（1）速度控制阀开度过小；

（2）阀门或执行器扭矩过大；

（3）气源压力过低；

（4）气路通道异物堆积。

5.5.102　执行机构动作缓慢的处理方法有哪些？

答：（1）调节速度控制阀的开度；

（2）充分清洗阀门或执行器；

（3）增加气源压力；

（4）清洗气路通道。

5.5.103　执行机构无法保持阀位的原因有哪些？

答：（1）执行机构液压回路密封存在泄漏；

（2）执行机构复位阀没有关闭或存在泄漏；

（3）执行机构气源阀门关闭，气路存在泄漏。

5.5.104　执行机构无法保持阀位的处理方法有哪些？

答：（1）更换密封件，消除泄漏；

（2）关闭复位阀或更换密封件；

（3）打开气源阀门，消除泄漏。